中国俗文化丛书

筷子三千年

丛书主编 高占祥

蓝翔 著

山东教育出版社

图书在版编目(CIP)数据

筷子三千年/蓝翔著. 一济南:山东教育出版社,2016
(中国俗文化丛书/高占祥主编)
ISBN 978-7-5328-9297-6

Ⅰ.①筷… Ⅱ.①蓝… Ⅲ.①筷—文化—中国
Ⅳ.①TS972.23

中国版本图书馆 CIP 数据核字(2016)第 052104 号

中国俗文化丛书　　　　高占祥　主编

筷子三千年　　　　　　蓝　翔　著

出　版　人:刘东杰
出版发行:山东教育出版社
　　　　　(济南市纬一路 321 号　邮编:250001)
电　　话:(0531)82092664　传真:(0531)82092625
网　　址:www. sjs. com. cn
发　行　者:山东教育出版社
印　　刷:山东临沂新华印刷物流集团有限责任公司
版　　次:2017 年 2 月第 1 版第 1 次印刷
规　　格:787mm×1092mm　32 开本
印　　张:9.125 印张
印　　数:1—3000
插　　页:8 插页
字　　数:140 千字
书　　号:ISBN 978-7-5328-9297-6
定　　价:23.00 元

(如印装质量有问题,请与印刷厂联系调换)
印厂电话:0539-2925659

图1
我国唯一的私人藏筷馆
及创办者蓝翔，民俗学
者和藏筷家
　　　陈华　摄

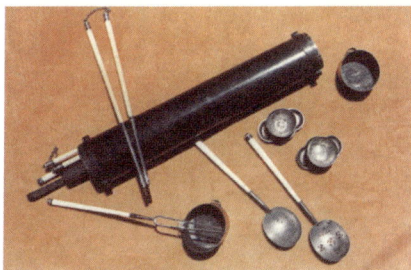

图2
清康熙鲨鱼皮13件牙镶银箸筒
闻隆　摄

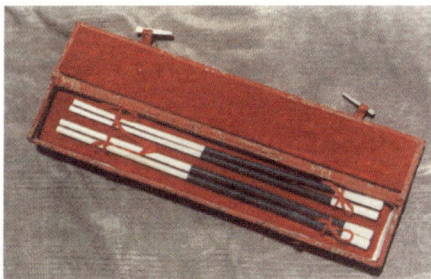

图3
清代虬角镶牙鸳鸯对筷
　　　闻隆　摄

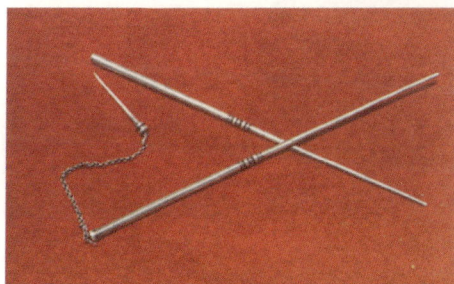

图4
清代暗钮银箸
闻隆　摄

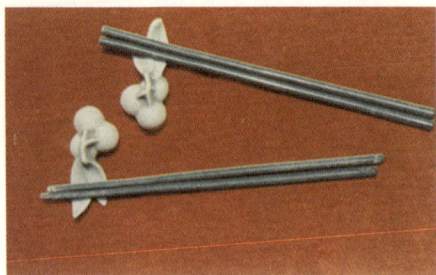
图5 明代绿松玉石筷 闻隆 摄

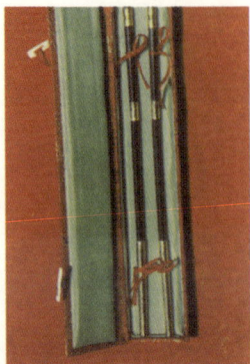
图6 清代虬角三镶金箸
闻隆 摄

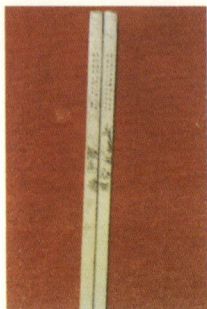
图7 清代山水名士象牙
雕刻筷 闻隆 摄

图8 民国初年女子出嫁,陪嫁品中必
有两双筷子,取"筷子筷子——
快生贵子"好口彩 闻隆 摄

图9 广州市现存唯一的一家冼
联广筷子世家,专做红木筷
的百年老店 龙彭 摄

图10 云南阿昌族青年喜爱用特长竹筷
进餐 刘镁 摄

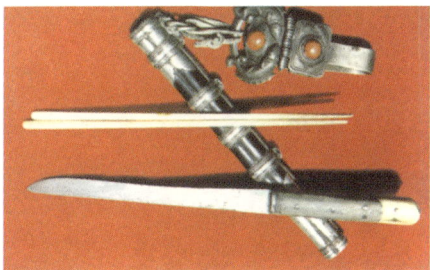

图11
清代满蒙王爷所佩的珊
瑚双鱼银饰腰勾刀筷
闻隆 摄

图12
清乾隆玳瑁八骏马镶
嵌刀筷 闻隆 摄

图13
别看美国大胡子先生是个左撇
子，可他用筷技巧，自称已达
到稳、准、狠的高水平
龙彭 摄

图14
美国女士第一次以筷进餐，
中国朋友看她能夹起肉片，
情不自禁喜笑颜开

图15　筷子是老俩口爱情
　　　的桥梁　龙彭　摄

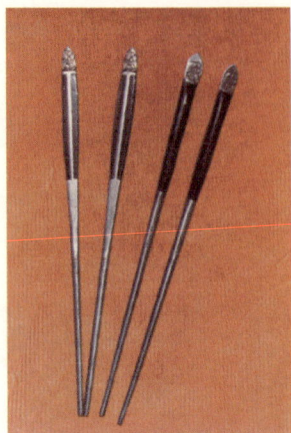

图16　泰国佛像红木镶铜筷
　　　闻隆　摄

图17　蓝翔曾于1950年参加中国人民
志愿军赴朝鲜作战，这是他从朝鲜前
线带回国的烈士筷（中）和朝鲜人民
所赠送的铜匙铜筷　蓝兵　摄

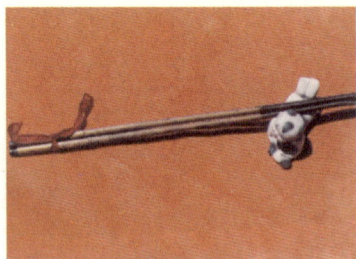

图18　清代镶银湘妃竹筷
　　　龙彭　摄

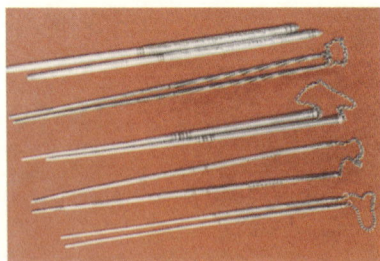

图19
清代各式纯银筷
闻隆　摄

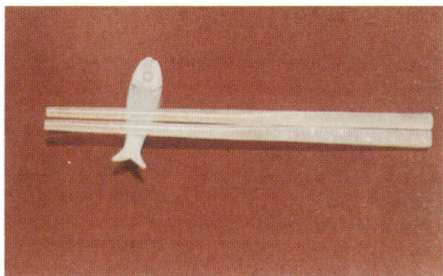
图21 清代玉筷，玉鱼筷枕 闻隆 摄

图20 牙雕刻诗筷 闻隆 摄

图22 北京故宫博物院珍宝馆
所藏纯金箸及翡翠镶金筷
龙彭 摄

图23
清代如意盘长银链
玳瑁筷及纯银筷
闻隆 摄

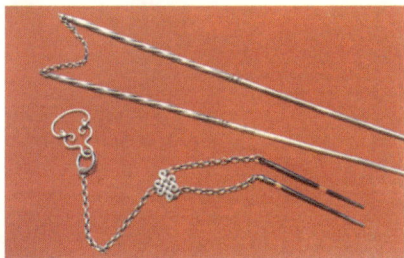

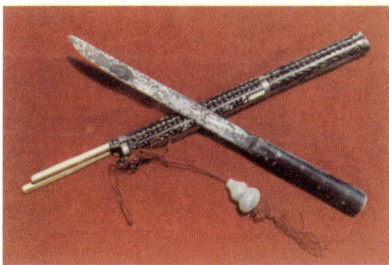
图24
清代螺钿镶嵌玉饰刀筷
闻隆 摄

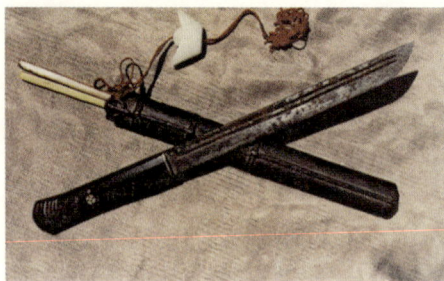

图25
清代铁鞘玉饰刀筷
闻隆　摄

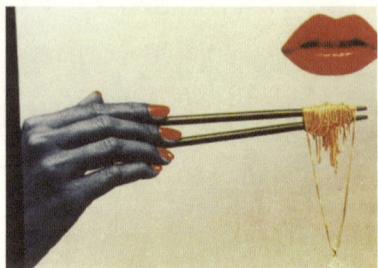

图26
美国筷挑金项链
大幅艺术广告

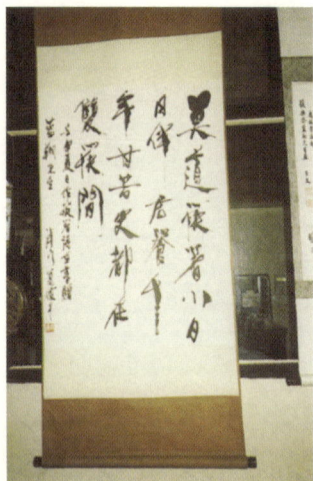

图27　著名作家、书画家、全国
文联副主席冯骥才书赠蓝
翔的咏筷诗
闻隆　摄

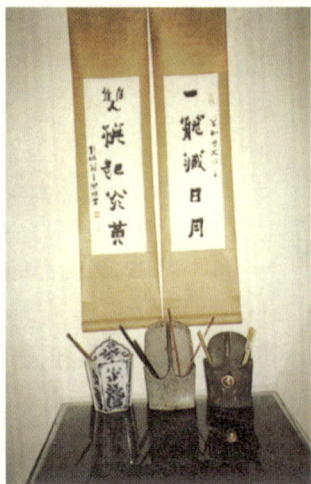

图28　"一笼藏日月，双筷起炎
黄"对联，悬挂于蓝翔藏
筷馆一角
蓝兵　摄

图29　竹筷书　凌小利

图30　竹筷书法　四川　许云万

图31　著名电影艺术家谢添
　　　为蓝翔藏筷馆题词
　　　龙彭　摄

图32　蓝翔筷书

图33 黄山双筒束结竹筷笼 蓝翔 摄

图34 清代"福在眼前"绿釉箸笼

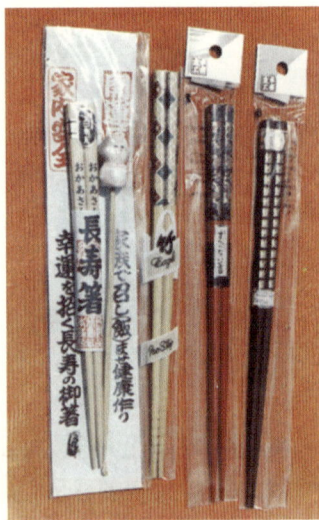

图35 清代"笼插千杆箸,家添五百丁"对联福禄寿陶筷笼 蓝兵 摄

图37 红木单双竹节筷盒和五双装松鹤红木筷盒,嵌银丝筷盒 蓝兵 摄

图36 日本长寿箸及日本各式金花涂箸 闻隆 摄

中国俗文化丛书

主　　编：高占祥

执行主编：于占德

副 主 编：于培杰

　　　　　叶　涛

　　　　　刘德增

序

在中华民族光辉而悠久的历史传统文化中,俗文化占有十分重要的地位。它不仅是雅文化不可缺少的伴侣,而且具有自身独立的社会价值。它在中华民族的发展历程中,与雅文化一起描绘着中华民族的形象,铸造着中华民族的灵魂。而在其表现形态上,俗文化则更显露出新鲜、明朗、生动、活跃的气质。它像一面镜子,折射出一个民族、一个地区的风土人情和生活百态。从这个角度看,进一步挖掘、整理和发扬俗文化是文化建设的一项战略任务。

俗文化,俗而不厌,雅美而宜人。不论是具体可感的器物,还是抽象的礼俗,读者都可以从中看出,千百年来,我们的祖先是在怎样的匠心独运中创造出如此灿烂的文化。我们好像触到了他们纯正的品格，听到了他们润物的声情，看到了他们精湛的技艺。他们那巧夺天工的种种创造，对今人是一种启迪；他们那健康而奇妙的审美追求，对后人是一种熏陶。我们不但可从这辉煌的民族文化中窥见自己的过去，而且可以从中展望美好的明天。

俗文化，无处不在，丰富而多彩。中华民族，历史悠久，地大物博，人口众多，在长期的生活积淀中，许多行为，众多器物，约定俗成，精益求精。追根溯源，形成系列，构成体系，展示出丰厚的文化氛围。如饮食、礼俗、游艺、婚丧、服饰、教育、房舍、变迁、风情、驯化、意趣、收藏、养生、烹饪、交往、生育、家谱、陵墓、家具、陈设、食具、石艺、玉器、印玺、鱼艺、鸟艺、鸣虫、镜子、扇子等等，都是俗文化涉及的范围。诚然，在诸多领域里，雅俗难辨，常常是你中有我，我中有你，彼此交叉，共融一体；有的则是先俗而后雅。

俗文化，古而不老，历久而弥新。它在人们的身边，在人们的生活中，无时无刻不影响人们的思想、观念和情趣。总结俗文化，剔除其糟粕，吸收其精华，对发扬民族精神，增强民族自信心，提高和丰富人民生活，都具有不可忽视的意义。世界文化是由五彩斑斓的民族文化汇成的，从这个意义上讲，愈是民族的，就愈是世界的。因此，我们总结自己的民俗文化，正是沟通世界文化的桥梁。这是发展的要求，时代的召唤。

这便是我们编纂出版这套《中国俗文化丛书》的宗旨。

目
录

1

一 民间传说探起源

（一）大禹可是造筷人

我国是筷子的发源地，使用筷子的历史悠久。筷子看起来只是非常简单的两根小细棒，但它有挑、拨、夹、拌、扒等功能，且使用方便，价廉物美。筷子也是当今世界上一种独特的餐具。凡是使用过筷子者，不论华人或是老外，无不钦佩筷子的发明者。可是它是何人发明？何时创造诞生？现在谁也无法回答这个问题。堂堂中华古国，却找不到记载这一对人类文明做出伟大贡献的发明点滴文字资料，也许是我们的先民当时缺少文字，或是记录筷子的书籍遗失殆尽？总之，回答这个悬案的只有"史无记载"4个字。当然，研究筷箸文化，也不是找不到任何旁证材料。笔者曾先后搜集到3个有关筷子起源的传说。

姜子牙发明筷子

第一个传说流传于四川等地，说的是姜子牙只会直钩钓鱼，其他事一件也不会干，所以十分穷困。他老婆实在无法跟他过苦日子，就想将他害死另嫁他人。

这天姜子牙钓鱼又两手空空回到家中，老婆说："你饿了吧？我给你烧好了肉，你快吃吧！"姜子牙确实饿了，就伸手去抓肉。窗外突然飞来一只鸟，啄了他一口。他疼得"啊呀"一声，肉没吃成，忙去赶鸟。当他第二次去拿肉时，鸟又啄他的手背。姜子牙犯疑了，鸟为什么两次啄我，难道这肉我吃不得？为了试鸟，他第三次去抓肉。这时鸟又来啄他。姜子牙知道这是一只神鸟，于是装着赶鸟一直追出门去，直追到一个无人的山坡上。神鸟栖在一枝丝竹上，并呢喃鸣唱："姜子牙呀姜子牙，吃肉不可用手抓，夹肉就在我脚下……"姜子牙听了神鸟的指点，忙摘了两根细丝竹回到家中。这时老婆又催他吃肉，姜子牙于是将两根丝竹伸进碗中夹肉，突然看见丝竹咝咝地冒出一股股青烟。姜子牙假装不知放毒之事，对老婆说："肉怎么会冒烟，难道有毒？"说着，姜子牙夹起肉就向老婆嘴里送。老婆脸都吓白了，忙逃出门去。

姜子牙明白这丝竹是神鸟送的神竹，任何毒物都能验出来，从此每餐都用两根丝竹进餐。此事传出后，他老婆不但不敢再下毒，而且四邻也纷纷学着用竹枝吃饭。后来效仿的人越来越多，用筷吃饭的习俗也就一代代传了下来。

这个传说显然是崇拜姜子牙的产物，与史料记载也不符。殷纣王时代已出现了象牙筷，姜子牙和殷纣王是同时代的人，既然纣王已经用上象牙筷，那姜子牙的丝竹筷也就谈不上什么发明创造了。不过有一点却是真实的，那就是商代南方以竹为筷。

妲己发明筷子

第二个传说流传于江苏一带。说的是商纣王喜怒无常，吃饭时不是说鱼肉不鲜，就是说鸡汤太烫，有时又说菜肴冰凉不能入口，结果，很多厨师成了他的刀下之鬼。宠妃妲己也知道他难以侍奉，所以每次摆酒设宴，她都要事先尝一尝，免得纣王咸淡不可口又要发怒。有一次，妲己尝到有几碗佳肴太烫，可是调换已来不及了，因为纣王已来到餐桌前。妲己为讨得纣王的欢心，急中生智，忙取下头上长长玉簪将菜夹起来，吹了又吹，等菜凉了一些再送入纣王口中。纣王是荒淫无耻之徒，他认为由妲己夹菜喂饭是件享乐之事，于是天天要妲己如此。妲己即让工匠为她特制了两根长玉簪夹菜，这就是玉筷的雏形。以后这种夹菜的方式传到了民间，于是中国产生了筷子。

这则传说，不像第一个传说充满着神话色彩，而比较贴近生活，有某些现实意义，但依然富于传奇性，也与史实不符。考古学家在安阳侯家庄 1005 号殷商墓中发掘出的铜箸（筷），经考证其年代早于殷纣末期的纣王时代，显然，筷子既不是纣王发明，也非妲己创造，应是更早的产物。

禹王发明筷子

第三个传说流传于东北地区。说的是尧舜时代，洪水泛滥成灾，舜命禹去治理水患。大禹受命后，发誓要为民清除洪水之患，所以三过家门而不入。他日日夜夜和凶水恶浪搏斗，别说休息，就是吃饭、睡觉也舍不得耽误一分一秒。

有一次，大禹乘船来到一个岛上，饥饿难忍，就架起陶锅煮肉。肉在水中煮沸后，因为烫手无法用手抓食。大禹不愿等肉锅冷却而白白浪费时间，他要赶在洪峰前面而治水，所以就砍下两根树枝把肉从热汤中夹出，吃了起来。从此，为节约时间，大禹总是以树枝、细竹从沸滚的热锅中捞食，这样可省出时间来制服洪水。如此久而久之，大禹练就了熟练使用细棍夹取食物的本领。手下的人见他这样吃饭，既不烫手，又不会使手上沾染油腻，于是纷纷效仿，就这样渐渐形成了筷箸的雏形。

虽然"传说"主要是通过某种历史素材来表现人民群众对历史事件的理解、看法和感情，而不是严格地再现历史事件本身，但大禹在治水中偶然产生使用筷箸的最初过程，使当今的人们相信这是真实的情形。它比姜子牙和妲己制筷传说显得更纯朴和具有真实感，也符合事物发展规律。

促成筷子诞生，最主要的契机应是熟食烫手。上古时代，因无金属器具，再因兽骨较短、极脆、加工不易，于是先民就随手采摘细竹和树枝来捞取熟食。当年处于荒野的环境中，人类生活在茂密的森林草丛洞穴里，最方便的材料莫过于树木、竹枝。正因如此，小棍、细竹经过先民烤物时的拨弄，急取烫食时的捞夹，蒸煮谷黍时的搅拌等，筷子的雏形逐渐出现。这是人类在特殊环境下的必然发展规律。从现在筷子的形体来研究，它还带有原始竹木棍棒的特征。即使经过

4000 余年的发展，其原始性依然无法改变。

当然，任何传说总是经过历代人民的取舍、剪裁、虚构、夸张、渲染甚至幻想加工而成的，大禹创筷也不例外。它是将数千年百姓逐渐摸索到的制筷过程，集中到大禹这一典型人物身上。其实，筷箸的诞生，应是先民群众的集体智慧，并非某一人的功劳。不过，筷子可能起源于禹王时代，经过数百年甚至千年的摸索和普及，到商代成了和匕共同使用的餐具。

（二）何时用筷吃饭

现在世界上人类进食的工具主要分为 3 类：欧洲和北美用刀、叉、匙，一餐饭三器并用；中国、日本、越南、韩国和朝鲜等用筷；非洲、中东、印尼及印度次大陆以手指抓食。美国加利福尼亚大学名誉教授怀特调查后说："用刀叉、手指和筷子吃饭的 3 类人，都以强硬态度维护自己的餐具。"特别是以手抓食者，常被人看作不文明，可他们却自我感觉良好。例如美国洛杉矶有一家菲律宾餐馆，大做广告以抓食为荣，公开警告那些不愿以手抓饭的顾客，谢绝他们光临。

中国是筷子的发源地，以筷进餐少说已有 3000 年历史，是世界上以筷为食的母国。原来以手抓食的马来西亚、新加坡、印尼等地，由于大批华侨以筷进餐，天长日久，当地居民受其影响，也学会以筷吃饭，故而华侨多以用筷进餐为荣。

说来令人不信，中国人在发明了筷子后，也曾有较长时间用手抓食。堂堂炎黄子孙，既然发明了灵活无比，拨、挑、夹、拌无所不能的筷子，为何放着不用，非要用两双半的肉筷呢？历史是微妙的、复杂的，对于筷子的多功能，我们的祖先无法一次清醒地完全认识，这才产生了曲折的过程。

要探讨中国人何时以筷吃饭的问题，也同筷子何人发明一样，史无记载。但从史书只言片语中可找到一些线索。《礼记·曲礼》说：羹中有菜者才动用筷子去夹，没有菜的汤汁，只要捧起啜饮即可；吃米饭是不可用筷的，否则被视为失礼。由此可知，秦始皇统一中国前的春秋战国时代，筷子的作用很单纯，仅是夹菜而已。先秦时，蔬菜除生吃外，大多用沸水煮食，吃这种汤中的菜羹，既不能用手，用匕也不方便，只有用筷从热汤中捞取较为合适。

由此也可佐证，当年我们的祖先之所以发明筷子，主要是为了夹食热锅中的菜肴而已，至于吃饭依然保持着原始的习俗，抓而食之。不过古人也傻得可爱，祖上传下的规矩，不敢轻易更改，怕的是违反食俗礼制。尽管以手抓食既不卫生，又很麻烦，但他们还是墨守成规，每餐皆以箸夹菜，以手捏饭，几百年不知改变。

行文至此，记得电视连续剧《封神榜》中有这样一个镜头，西伯侯姬昌逃归西歧时，在路上一小饭铺就餐，手捧着一大碗白米饭用筷子不断送入口中。有民俗学者撰文指出，编导太缺乏历史常识，殷纣时期堂堂西伯侯怎会违反以手抓食的礼制，而以筷箸吃饭呢？

那么，从何时起，我国才出现以筷既取菜同时又吃饭呢？这一问题现在也没有找到明确的文献资料，只能从旁证中找答案。要以筷吃饭，必须有较轻较小的碗，可商周时的食器都比较笨重，难以用一只手来捧持，另一只手用来握筷。即使是体积较小的"豆"，也是以盛肉为主，且有盖和高足，无法端在手中。到了西汉初年，才出现圆足的平底小圆碗。从洛阳、丹阳和屯溪出土的西汉墓葬碗、盘来看，不少是釉陶，分量轻而色泽皎洁。这种碗，显然可配合筷子吃饭使用。再从湖南长沙马王堆西汉初期墓葬出土的成套漆制耳杯和漆筷来看，可以肯定那时进餐由筷子一统天下了。

有民俗学者从考古角度来分析，战国晚期的墓葬中已很少发现盘匜礼器。先秦之人因以手抓饭，所以饭前必须以盘、匜洗手。随着时代的进化，先民懂得以筷代替手指抓饭后，洗手不再是吃饭必要的礼仪，故而用盘、匜陪葬也逐渐减少。盥洗盘匜陪葬的消失，也可旁证筷子在战国晚期或秦始皇统一中国后，已成为华夏民族的主要餐具。

我们再以事物发展的规律来推论。当人们以左手取饭，右手握筷夹菜，一日三餐皆要如此，会不会有人感到这样进膳既麻烦又不方便？当饭前要洗手抓饭、饭后黏糊糊抓饭之手更要洗时，会不会有人悄悄作以筷吃饭的尝试？任何事物绝不是静止的，一成不变的。当有人发现以手抓食的种种弊端，而又发现筷子的优点和多种功能，于是将进餐的习俗加以改革，以筷作为统一的餐具，这是人类进步的必然规律。当然，从以手抓饭到改为筷子统一饭菜，必然遇到保守派的阻挠甚至攻击。另外，改筷代替抓饭，还有个习惯问题。所以，这一改革进程十分缓慢，绝非一朝一夕完成的。

但筷子的优点和多功能是客观存在的，改以手抓饭为用箸而食，可以说是中华饮食文化的一次革命。

二 华夏筷子五大类

（一）原始竹木筷

当今说起筷子，人们对竹筷、漆筷、天竺筷印象最深。一般家庭中多用这类筷子，考究一点的人家，用的是红木筷。据有关方面调查，全国各地使用竹木筷最普遍。筷子是我国发明的非常独特而巧妙的餐具，而发明之初，最原始的筷子必然是竹木质的。

上篇提到，先民在煮肉食时，因温度高无法以手取食，只有以树枝翻动或夹取，久而久之出现了筷子的雏形。那么，最初的筷子材料应当是竹木。

早在三四千年前，森林茂密，先民大多生活在树丛中，用陶罐煮食物，伸手就可以截断树枝当餐具，那时并不懂得什么卫生、清洁。即使现在，西北山区农民下地，婆娘送饭忘了带筷子，老农民会弄两根树枝夹菜、扒饭；在西南山区，到处是竹林，两根细竹就是一次性筷子。

古籍中，筷子称"箸"，这再次证明我国远古时代的筷子从木从竹。北方多木，南方多竹，我们的祖先用筷子多就地取材。

笔者1989年4月应邀在长沙博物馆举办上海民间收藏精品展，我的专题展出是古筷。借此机会我去拜会湖南省博物馆高馆长，他向我提供一张长沙马王堆出土文物的10寸黑白照片。那是他们在1号墓发掘现场所摄，出土时，矮足案上放着盛满食物的小漆盘5种、漆卮2件，另一件耳杯上放着朱漆箸1双。由此可知，早在2000多年前的西汉，竹筷已上漆出现在长沙王的餐桌上。

古代的竹筷品种千姿百态，棕竹筷却是竹筷中的高档产品。解放后，棕竹筷已绝迹于市场，人们难以一睹风采。棕竹，因细杆上具有灰褐色条纹，采之制筷，纹理流畅，润滑光泽，清新悦目。我生平第一次见之，爱不释手，即以高价从古玩店中买下仅有的8双收藏。筷长28厘米，是清代手工艺精品，筷杆顶端镶有洁白如玉的骨帽，上部刻有一节节环纹，色调雅致，别具一格。紫竹也是制筷的精美原料，只是这种古董难得一见。

毛泽东曾有"斑竹一枝千滴泪"的诗句。相传，昔舜帝南巡，突然病发亡故，他的妃子娥皇、女英赶至埋葬舜帝的湘江岸边，痛哭流涕，泪珠洒落在竹丛中，从此竹上泪痕斑斑。传说虽为神奇，但这种称为"湘妃竹"者，秀丽古幽，细枝做筷子是绝妙的好材料。一次泰国外宾见到我收藏的清代湘妃竹镶银筷，捧在手中不肯放下，瞧着那草黄色筷上自然生成的淡褐色斑点花纹，摩挲再三。这位泰国收藏家，已为古雅的湘妃竹镶银筷所陶醉，多次提出要我转让。这种稀有的古竹筷，我也珍爱万分，当然婉言谢绝。

竹筷还有一大特点，便于雕刻。四川江安竹雕筷驰名中外，多次获国际奖。此筷创制于明末清初，是以节长壁厚的楠竹为原料，经煮沸、制坯、露晒、打磨等多种工艺制成。精雕狮头竹筷更是久享盛名，有单狮、双狮、踏宝狮、子母狮等80多个品种。早在50年代，炉火纯青的工艺师曾刻过一双"狮头活眼含宝龙凤竹筷"献给毛主席。

笔者所收藏的江安狮头筷，为美国陈礼贞小姐所赠。她受我探讨收藏古筷的感染，也爱上筷子，多次找我鉴定古筷，为了感谢我帮助她集藏古筷，回国前特将她重金买来的清代江安竹雕筷赠送我留念。此筷筷头上精雕细刻对狮，形态灵美，富有神韵，实属竹筷中的精品。

湖南楠竹筷又另有一番情趣。此筷放在水中一吹，水里会冒出一串水泡。因其有双眼很难发现的微孔，致使可吹出水泡。此筷还有不发霉、不生虫、不变形等优点。楠竹筷放在清水中，根根竖立，不会卧浮，故有"神奇竹筷"之称。

天竺筷，是我国杭州西湖特产，既是经济实用的餐具，又是具有艺术特色的传统工艺品。随着烹饪、旅游的发展，天竺筷已远销欧美、日本、东南亚等地。这种竹筷相传于清光绪年间开始创制。杭州西子湖畔天竺山麓盛产一种细长、实心的大叶箬竹，据说先前并不引人注意，有次一个茶农上山采茶，吃午饭忘了带筷子，正在为难之际，见满山箬竹，就顺手折下两根进餐。谁知箬竹光滑结实，捏在手中轻巧舒适，于是灵机一动，采竹削筷，用红绿丝线扎好，趁灵隐寺香讯，香烟缭绕，香客云集之际下山兜售。天竺山村民见他生意兴隆，纷纷效仿，一种新筷品种也由此应运而生。因此筷来自天竺山，故以"天竺"命名。

天竺筷开始多为朝山进香的信男善女带回家馈赠亲友和

拜佛祭祖，能祛病延年，长寿得福。我国民间自古视筷子为吉祥物，这不过是乡婆村妇祈福求吉的一种心态反映而已。笔者收藏的一双天竺筷，是从一位信佛茹素、年已古稀的老奶奶手中换来。此筷是她六七十年前去杭州灵隐寺进香所购，粗如笔杆的筷上烙有济公佛像和"济公佛筷"4字，由此可知天竺筷与寺庙僧佛有不解之缘。现在的天竺筷上的佛像图案早为"西湖十景"等所替代。

木筷品种较多，外形变化不大，可所取木质大不相同，红木、楠木、枣木、冬青木等皆可制筷。

据古书记载，凡喜庆吉事用棘木制筷，丧事用桑木制筷。我国古代习俗，因"棘"与"吉"、"桑"与"丧"谐音，故而婚宴用棘木（酸枣树）筷，图吉利；而丧事用桑木筷上席待客。桑木去皮，心材黄白色，含有守孝之意。《儒林外史》有一段描写范进中举，汤知县请他赴宴，席上摆的是银筷，范进拒不入席，知县以为不够隆重，忙换上象牙筷，范进还是不就座，当知县得知范进正在为母守孝，即命人换上白木筷，范进这才接过木筷进餐。由此可知古时用筷非常讲究，马虎不得。

红木是我国制筷的上好材料。红木筷古朴典雅，宴席上与高档瓷碗、青花盘碟配套，庄重华贵，相得益彰。红木盒筷更独具一格。我收藏的五双装红木盒筷，盒上雕有松、龟、鹤，寓意松柏常青，龟鹤长寿，筷上刻有"福如东海，寿比南山"对联，的确是馈赠老寿星最为理想的礼品。

乌木筷在木质筷中身价最高。乌木产于印度尼西亚、马来半岛，质坚体重，不弯曲不变形，制筷高雅，色泽黑亮，光润细腻，手感极好，如和白瓷餐具相配成席，会使盛宴更增辉添彩。古书载，琼州诸岛也产乌木，当地土人常锯木为筷。其实，乌木筷不仅为"土人"所用，《红楼梦》中贾府的"乌木三镶箸"更考究。这种乌木筷顶端、腰间镶有银帽银环，下部筷头上镶有银套，显得既端庄又华丽。笔者收藏有清代各式乌木筷数十双，其中清康熙年间乌木镶银箸，双筷银链相连，下端银套闪光，黑白分明，秀丽典雅，古色古香，给人以美感。一般的乌木筷，有麻花形雕饰，也有六楞刻纹，有长有短，千姿百态，不胜枚举。

乌木筷在广东称"乌梅"，红木筷称"酸枝"，因木质含有酸味，故名。岭南人讲究用原色木筷，不涂任何颜色，且爱挑选质地坚硬的木材制筷。酸枝、乌梅筷皆符合这些条件，故特别受欢迎。

广州越秀区天成街，有家 80 多年历史的筷子世家老店，店主冼联广已是第三代传人。直到现在，他们以手工制作的酸枝筷、乌梅筷，还受到广东和香港顾客的喜爱，特别是老冼家的传统狮头紫檀木筷，更是广东独一无二的精美木筷工艺品，笔者也慕名求购了一双藏之。

冬青木筷和乌木筷相比，显得朴素淡雅。所谓"冬青"，系采用深山悬崖上"经寒冬犹如青绿之林"的女贞树为原料，然后晒干制筷。其材质坚细，性甘寒凉，气味清香。陕北等地相传此筷有祛火明目之功效，而河南一带民间认为常用此筷进餐，可防口疮。冬青木筷还有一大优点，可在乳白色筷上烙花。图案多姿多彩，甚为美观。如今这种传统工艺筷，不但钓鱼台国宾馆、人民大会堂餐厅采用，而且制成西安华清池、洛阳龙门石窟、北京长城等旅游纪念筷，随着外宾走向世界各地。

楠木筷在我国南方很畅销。楠木材质细密，光泽浅绿，耐久性强，且有香气，是制筷的理想材料，很受欢迎。

枣木也可制筷，质重坚韧，纹理直，结构细，筷杆润滑，色暗红而有光泽。北方对枣木特别有好感，民间传说枣木筷不沾饭粒，并有防馊功能。

安徽九华山为我国四大佛教圣地之一，近年来推出一种铁凝木筷，原料为生长在九华山中数百年的铁凝木。此筷木质纹络细腻，最大特点是落水即沉，可见材质坚硬和分量重的程度，故有"铁筷"之称。最大的优点是不吸水，可防污染。

漆筷可分为木胎、竹胎两种。著名的马王堆汉墓出土的唯一竹筷，因表面有朱漆保护，故能在地下保存 2000 余年之久。漆筷色彩鲜艳，图案优美，一双筷要经过 42 道工序，仅上漆就 7 次之多，每漆一次皆要高温蒸之，故经得起滚汤浸泡，但不宜搓洗，搓之易落漆，碎漆入口，有损健康。

杜仲除树皮药用外，树干也可制筷。湖南武陵山区农场开发的杜仲筷新品种，有降血压、健胃、活血脉之疗效。

紫檀木产于马来西亚、安哥拉等国，木材美观，坚硬耐磨，色调红紫，故名。这种名贵木材多制作宫廷王府家具，极少制筷。我所收藏的 4 双特长紫檀筷，为湖南特有餐具。湖南在清末年间有大圆桌，一圈可坐 24 人，吃这种特大圆桌酒宴就要用这种 38 厘米特长筷，不然很难夹着菜。我这 4 双紫檀特长木筷原为民国初年某军阀所有，10 多年前我在衡山以高价购得。

其他如黄杨木、银杏木、花梨木、鸡翅木等，都可制筷，我也皆有收藏。在历史的长河中，竹木筷特别受到历代平民百姓的欢迎，直至如今它还有旺盛的生命力。

（二）闪光金属筷

我们当今吃饭已很少用金属筷进餐，可古代金属筷在富豪人家的餐桌上非常流行。

我国最早使用的金属筷为铜筷。1961 年云南祥云大波那铜棺墓出土 3 根圆铜筷，发掘者起初认为属西汉晚期文物，后经碳 14 测定为公元前 495 年左右春秋中晚期的铜箸。另外，在安徽贵池也有春秋晚期铜箸出土。由此可知，春秋中晚期我国已形成使用铜筷的习俗。

铜筷之所以后来被淘汰，主要因为其与空气氧化变成红色的氧化亚铜，有毒，而生绿色的铜锈更有毒。用铜筷进餐，离不开汤汤水水，菜和汤中都有盐的成分，常常接触，易生铜锈，锈铜筷入口不但苦而涩，还有铜腥气，所以铜筷不再受到欢迎。

虽说铜筷不宜吃饭，可还有其他用处。

《红楼梦》中王熙凤冬天烤火用的是一种白铜小手炉，她还用一种小铜火箸儿拨手炉里的炭灰，这铜火箸就是铜筷子。清代末年民国初年，火钳发明前，大户人家烤火夹木炭多用铜筷子，普通人家用铁筷子。因为铜筷比铁筷光滑、闪光，价钱高，所以官宦乡绅人家不用铁筷用铜筷，以显示富贵豪华气派。

清代的铜筷，现在都成了古董。笔者收集了10多双长短粗细不一的黄铜筷。那相当于普通筷子两根长的粗铜筷，为烤火用的，筷长为的是不烫手。那1尺长的细圆铜筷是剪烛花用的。清代结婚，晚间洞房里要点一对龙凤花烛，故有"洞房花烛夜"俗语。这对花烛不能灭，熄灭了不吉利，可是烛芯越点越长，烛也易灭，为此烛台边特备一双细铜筷，专为新郎新娘剪烛芯之用。还有和一般筷子差不多长的铜筷，是为吃火锅所用，并不是拿它涮羊肉，而是夹木炭。现在吃火锅多用气炉、电炉，可民国初年直至60年代，吃火锅皆烧木炭。这小铜筷短小灵便，闪光锃亮，雕有纹饰，环链相系，和黄铜或紫铜火锅相配，古朴典雅，器美肴鲜，很受食客欢迎。

取代铜筷上餐桌的为银筷。1982年，镇江东郊丁卯桥出土950余件银器，重约55公斤，除银碗、银碟、酒筹等，银筷竟多达 40 余双。这种上方下圆的银筷，乃是唐代文物。这是我国出土银箸数量最多的一次。

银筷从唐代开始得宠上千年，除经久耐用、色泽秀美外，主要是民间认为它能防毒。当年一些皇亲贵族，贪官污吏，怕有人在食品中投毒，纷纷使用银筷，以防万一。《红楼梦》中凤姐就有这方面的经验，她换给刘姥姥一双镶银筷说："菜里要有毒，这银筷下去了就试得出来。"直到现在一提银筷，上了年纪的人就会说："银筷好，能防毒。"

其实，以银筷测毒并不可靠。只有接触砒霜、山奈、氰化钾等硫化物时，银筷会失去光泽而发黑，以示有毒。如接触皮蛋、臭腐乳、咸菜、蛋黄等，银筷也会变黑。河豚毒、毒蕈毒、发芽的马铃薯（洋山芋）中的龙葵毒、变质青菜中的硝酸盐等，因不产生硫化物，即使银筷久久插入也不会发黑。所以，银筷验毒之说是不科学的。

不过，因银有杀菌作用，使用银筷是有益健康的。科学家发现，1 公升水中只要含有微量的银离子，即可杀灭水中的大部分细菌。外出旅游或野外作业，无奈喝生水时，只要用银筷在水中搅拌一会儿，即可饮用。

银筷具有很强的生命力，直到现在，北京、上海等大城市的工艺商店仍可买到银筷、银碗等。但也有些滑头商人以镀银筷来冒充纯银筷。怎样才能鉴别其真假呢？主要方法有三：看色，听音，查硬度。成色在95％以上的银筷，面档洁白、细腻、光润，手感柔滑；95％以下到90％之间成色者，色泽白细，微微泛光；长期没有使用或擦洗的老银筷，一般有不明显的"铜绿"附于筷上。检验银筷的听音方法与银杯不同，可用拇食两指轻托夹着银筷，用条状物击之，敲时要一下一下地敲。一般成色高的声音细而长，悦耳无杂音；成色差者声音高而短，显得干燥。硬度鉴别上，成色越高硬度越小，体质越软；而成色越次则相反。还有一点应该注意，解放前的老银筷，筷中下部一般皆有金银店号，俗称银楼的印章，没有印戳者为镀银筷。如掌握以上几点，可以避免买假货。

近年来有些个体户生产银筷，有的以银圆加工，也有的以铜筷放入电解液中薄薄镀上一层银，实为亚银铜筷。这种所谓银筷，大多无银楼印记，也无錾花工艺，且较粗糙，购买时注意，免得上当。

我国有上千年用银筷的习俗，所以银筷越造越精美。笔者收藏了自唐代至辛亥革命时期的历代银筷10多双，有的錾花，有的绕成麻花形。最值得一提的是一双明末清初暗钮银筷，初看朴实无华，除了以银链相系外，看不出什么奥妙，可是筷头有暗钮可旋开，一根筷中藏牙签，另一根藏挖耳勺。要是主人不说穿，没人能猜到细如绒线针的银筷中还藏有机关。这种古代无名工匠的巧妙设计，可谓独具匠心，此乃银筷中珍品。

现在如果有人用铁筷子吃饭，准会说他患精神病。可2000年前的西汉时代，有位名叫巨无霸的武将，虎背熊腰，力大无穷，以一二斤重的铁筷进餐。铁筷也因易氧化生锈，和铜筷一样，不久即从餐桌上消失。

金筷，价格昂贵，一般小官吏无力购置，可皇宫金银珠宝堆积成山，不但以金筷进膳，还赏赐文臣武将。古籍载：唐玄宗曾赏赐宰相宋璟金箸一双，他不敢接。皇帝说，不是赐你金子，而是奖赏你为人正直，他才大胆地收下。到了清代末年民国初年，金筷不再属皇家独有，上海地产大王哈同，青帮大亨黄金荣和杜月笙府中皆有"金台面"。上海话，"金台面"即一桌席面上所有的10只酒杯、10只小碟、10个筷枕和10双筷子等全部由黄金铸制。杜月笙女儿出嫁，他手下的"四大金刚"和徒子徒孙，为拍这个青帮"老头子"的马屁，凑钱在上海南京路方九霞银楼定制金台面送到杜府贺喜。

中国 10 多亿人口使用筷子，可是有几人见过纯金筷子？北京故宫珍宝馆里曾陈列过慈禧太后使用过的金筷，虽是 100 多年前之物，依然放射出秀美、富丽堂皇的光泽。上午参观时，阳光正好透过窗棂照在金筷上，金箸光芒四射闪烁耀眼，令参观者大饱眼福。另外还有镶金玉筷、六楞镶金象牙筷等。这些镶金御筷具有极高的工艺价值，同时也是帝王至尊至贵的象征。

说到镶金筷，我总算也有一双，收藏古筷 20 年，这是到我手中的唯一的一双镶金筷。这双翠绿的虬角筷，上镶金帽，中镶金环，下镶金套，绿色晶莹，金光闪闪。有了这双镶金筷，我的小小藏筷馆也算沾了点皇家的豪华气派。

金属筷中的新品种为不锈钢筷，以不锈钢空心细管制成，外观华美，并具有抗高温、耐腐蚀、不氧化、分量轻等优点，可是购买者极少极少。除了每双 10 元价格较贵外，最主要的是市民用惯竹木筷，对金属筷不感兴趣。有的厂家推出一种上端为竹制，下端为不锈钢的相并筷，这样可避免冬天握不锈钢手凉、夏天握之传热快的弊端，但市民感到不伦不类，也不欢迎。还有"大跃进"时代的产物——铝筷，质量更差，当年曾在江南农村流行过一阵,随后也销声匿迹。

不过,我与西安金属筷厂合作生产的银合金唐诗礼品筷,上市后还是受到消费者欢迎的。此筷上方下圆,上端四面铸有唐诗,古朴典雅,银光闪闪,特别受到文化界人士的钟爱。看来金属筷只要富有艺术特色,定有宽广的前景。

(三)古雅牙骨筷

自古以来,我国民间视象牙工艺品如同金银珠宝一般贵重。现在餐桌上如果有人使用象牙筷,全桌人准会兴趣盎然,纷纷欣赏,一睹为快;往往还会因难辨真伪而各抒己见,使气氛活跃起来,从而使宾客食欲旺盛,为美食美器而陶醉。物以稀为贵。现在民间已难得见到一双象牙筷,即使有,也当成老古董而珍藏起来。

我国早在3000多年前已用象牙筷。《史记·十二诸侯年表》:"纣为象箸,而箕子唏。"商王朝末期纣王首先用起象牙筷。那时武器和工具相当落后,要打死一头大象,锯下碗口粗的象牙,再剖成一条条,制成筷子,没有几百上千个人工是办不到的,故而大臣箕子见到纣王如此奢侈而感到恐慌。由此可知我国象牙筷的历史已有3000年之久。

说到奢侈，帝王将相皆是如此。《红楼梦》贾府大观园中，不但有象牙筷几百双，还有镶金牙箸。刘姥姥进大观园，王熙凤给他一双四楞象牙镶金筷，刘姥姥感到比乡间的铁锨还沉重，不伏手，而送上来的一道菜却是鸽蛋，牙筷夹鸽蛋滑对滑，刚刚好不容易夹起一个蛋，还没来得送进嘴就滑在地上，引起众人一阵大笑。这段描写极为生动，作者曹雪芹并非要出庄稼人的洋相，而是说象牙筷虽然高雅、润滑，但比其他筷子更难掌握，确实要另有一功。

何种宴会，适合用何种筷子。我国历来重视美食美器的组合搭配和谐。周恩来同志生前深有体会。"文革"前举行国宴，柔和古朴的象牙筷与驰名中外的青花瓷相配，确实给宴会增光添彩。可周恩来发现，象牙筷虽然美观珍贵，但本来用筷技巧欠佳的外宾，以象牙筷夹菜极为费劲，菜肴容易滑落。因此当年除朝鲜金日成主席、越南胡志明主席外，其他使筷不熟练的各国贵宾，皆换上冬青木筷，以减轻用筷难度。

牙雕是我国传统手工艺品，有不少象牙筷筷身雕有盘龙彩凤，玲珑剔透，刀工简洁细巧而富有神韵。唐宋时代，宫廷设有牙雕管理机构，历代皇室成员对象牙筷有一种偏爱，这种宫廷作坊就想方设法做出各种象牙筷以满足皇室的需要。

据有关资料记载，清代乾隆皇上所用的象牙镶金箸上黄金重达35克，顶端还嵌有绿松宝石。

象牙筷的最主要特征是可雕花可刻字，若无精雕细刻就显得平淡而缺少艺术性。早几年笔者在上海一家古玩商店玻璃柜中，见到排列整齐的10双牙箸，刻着一幅《群鸟戏花图》，鸟儿千姿百态，只只活泼可爱，百花争奇斗艳，朵朵吐蕊芬芳。店员介绍，10双象牙筷若分开，双双自成画面。我一双双欣赏，果然妙趣横生，"红梅八哥"、"喜鹊玉兰"、"荷莲双凫"、"榴花山雀"……这一幅幅独具匠心的筷上美景，既可分又可合，实在令人叫绝。

象牙筷自古为高贵物品，我国民间有"拾到牙筷，弄穷人家"的故事流行。说的是某人拾到一双象牙筷，高兴万分，认为原来的粗碗难和象牙筷相配，于是买了一套细瓷青花碗碟，然后又感到桌子太破，忙弃之买来新红木八仙桌，刚坐下拿起象牙筷，见闪闪闪发光的细瓷碗中是粗粮咸菜，忙唤来妻子杀鸡、割肉、打酒……半个月大吃大喝，家中吃尽当光。从这则民间故事来看，象牙筷是富贵人家的宠物，非寻常百姓所能用得起。

笔者收藏有10多双象牙筷，既有刻着山水人物的，也有刻着诗句的，从筷上欣赏书画，又别有一番情趣。一双象牙镶银筷，为明代的老古董，据说是苏州某官宦人家的祖传之物。这双四楞牙箸长27.5厘米，下端银套8厘米，方头镶银帽2厘米，双筷以10厘米银链相系，古朴秀雅。若以此筷10双待客，的确很有气派。

但近年来世界各地禁止猎杀大象，保护环境和珍稀野生动物呼声甚高。野象群居的肯尼亚，总统下令焚烧偷猎而缴获的象牙3000根，重量为12吨，价值300多万美元。肯尼亚政府之所以如此，为的是决心禁止象牙交易和禁杀象群。许多国家对象牙产品进口与销售也严加限制。其实象牙筷早已越来越少，正从餐桌上消失而进入古玩行列。

兽骨筷从表面上看，虽然和象牙筷大同小异，可内行人一眼即能看出两者的差别。二者的区别有3点：一是象牙筷有牙纹，纵横交叉成人字形纹，有粗有细，细看清晰秀美；骨筷没有牙纹。二是牙箸较重，而骨筷因中心疏松而较轻。三是象牙筷光滑无细孔，而骨筷有微孔。

兽骨筷多取材于牛骨、象骨、驼骨，也有少许用鹿骨。虽然鹿骨有滋补作用，制筷有益健康，但很少有人开发。北方多以骆驼骨制筷，而云贵少数民族地区多以象骨制筷，各自就地取材。兽骨筷中以象骨筷最佳。我收藏的两双镶银象骨圆筷，长22厘米，是清乾隆年间之物，虽经200余年岁月洗礼，仍洁白如玉，细润柔滑，银链相系，秀丽高雅。另一双象骨筷来自西双版纳。以前当地少数民族猎获一头野象，总要以象骨刻成手工艺品留作纪念。我的这双象骨筷，方楞筷顶刻有图腾形象，别有一番情趣。另一双驼骨筷来自内蒙古大草原，与普通筷不同的是，圆柱形驼骨筷同一把闪闪发光的刀匕同插在刀鞘中。这种特有的蒙古刀，刀鞘是桦木和铜皮压花饰制成，刀、筷同鞘，极富民族色彩。蒙古族男子有腰间佩刀的习俗，出门时，骏马驰骋，走亲访友，当被邀请进入蒙古包赴宴，便以自己腰间刀、筷进餐。

骨筷和象牙筷一样，也可雕花刻字；象牙筷大多较长，而骨筷皆较短，约20厘米左右。还有老式骨筷多数两节相接，这是因为兽骨能用于制筷的部分都较短，制长筷只好相接，不过接法十分考究。笔者所收藏的几双民国初年的骨筷，长26厘米至28厘米，接处镶有细螺纹，可以旋为两节，接处并包嵌银环。这是聪明的工匠以精巧的饰物掩藏相接的秘密，给人以天衣无缝之感。

另有一种骨筷，表面染成红色，俗称仿珊瑚筷。这种清末假珊瑚筷的染色技巧极高，经过上百年的岁月磨洗，依然红艳闪光，令有些人真相信它是珊瑚所制。

牙骨筷中还包括以动物角制成的筷子。清末民国初年，上海有一种"秋菊筷"在商业大亨、官宦豪富人家的餐桌上得宠。深绿色、有光泽，十分高雅。其实这种绿色筷称虬角筷。上海话"虬角"和"秋菊"谐音，听来叫去叫白了，就变成"秋菊筷"。

我收藏的清代虬角镶牙夫妻对筷，一盒两双，筷长 22 厘米，中段 11 厘米为绿色的虬角，上下部分皆镶乳黄色象牙。初看两双筷没什么两样，细看一双筷头镶象牙长 2 厘米，另一双镶牙长 3.5 厘米。这样，夫与妻可按镶牙的长短示区别，免得混用。虬角，俗称海象牙，也称海龙角，断面无牙纹。所制筷箸，表面润滑，翠绿光亮，以象牙镶嵌，黄绿相间，极为艳雅。这种清代虬角镶牙夫妻鸳鸯对筷，已成为价格高昂的稀有古玩。

还有一种玳瑁筷，十分稀少珍贵。此筷取材于一种名为玳瑁大海龟的龟类动物的甲壳，淡咖啡色和肉黄色花纹交织于筷上，且有一定的透明度，光亮闪闪。

唐代大诗人杜甫在《丽人行》中讲到一种"犀筯"，就是

犀牛角制成的筷子。犀牛是产于非洲的一种珍稀动物。一般
动物双角生于头上，而犀牛却于鼻上方独生一角。犀角既是
名贵的药材，也是宫廷制饮器酒器的珍贵材料。犀角黑褐或
黑红色，底部有小沙眼，形似蜂窝，并有直线形纹丝，极为
秀美。犀角筷传世极少，甚为罕见。目前犀牛已濒临绝迹，
故犀角筷为牙骨筷中的极品。

（四）晶莹玉石筷

中国人对玉有着特殊的爱好，早在七八千年前的新石器
时代，我们的祖先已开始凿玉制器。秦汉时的玉环、玉卮、
玉觞等为常见之物，但以玉制筷出土者并不多见。玉箸传世
较少的原因，专家认为玉不适于制成既细又长的筷子，因为
玉既硬又脆，作为陪葬品埋于地下，年久即碎成数段，出土
时看不出玉箸的痕迹，只作为碎玉处理。

蒲松龄在《聊斋志异》一书中写有一楹联，上联是"王
子身旁没有一点不似玉"。此联极妙，一语双关。唐、宋、元、
明、清，无论哪个朝代，宫廷的御膳房中是少不了玉箸的。
皇帝之所以爱用玉筷，原因是多方面的，首先金、玉在古代
是富贵、华丽的象征，金玉制品为帝王专用。而一般百姓家

中根本见不到玉筷，一是经济所限，无力购买；二是玉筷缺少实用价值，很容易断；三是不敢用，怕犯与皇家比富的罪名。皇族用玉箸还有一个原因，相传玉有灵丹妙药之功。帝王大多对玉可延年益寿深信不疑，除了几案上供有玉佛、玉炉、玉龟，身佩玉龙、玉辟邪、玉剑外，并用玉箸进膳，以求长生不老。

　　因帝王对玉筷情有独钟，这可苦了宫廷作坊的工匠。一次慈禧太后用翡翠箸吃饭，夹菜时一用力，玉筷断为两截。慈禧太后很迷信，认为进膳时筷子断了不吉利，大发脾气，要把管御筷的小太监处死，后经求情，免小太监一死，责打80大板以除晦气。为此，作坊工匠怕再出人命，连夜想出以金环镶包玉筷的高招。这样既华丽高雅，又可增加玉筷使用的牢度，同时又具有宫廷气派和工艺价值，慈禧太后这才息怒。

　　笔者曾在承德避暑山庄博物馆和北京故宫博物院珍宝馆中，欣赏清代乾隆、咸丰、光绪、慈禧用过的翡翠、羊脂玉等筷，大多镶嵌黄金，豪华闪光，巧夺天工。这些精美玉筷，皆出自宫廷匠师之手。他们为了取悦帝王，真不知费多少心血，绞多少脑汁。

笔者所收藏的玉筷有 10 多双,有青玉筷、白玉筷、墨玉筷、黄玉筷和岫玉筷等。这些玉筷都较短,在 20～22 厘米之间,也较粗。起初不知为何要将玉筷都弄成矮胖子似的,有次参加民间工艺收藏精品展览会,无意将两双愣头愣脑的玉筷和细细的雕花银筷放在一起展出,这一粗一细的对比,使我悟出其中的奥妙:因为金属分量重,为不使用筷者握在手中感到沉,故而制作时以细为好;而玉筷若长而细则容易折断,同时也很难加工,粗而短可增加牢度。

以玉制筷,既麻烦又极易出废品,即使做成精美的玉筷,也卖不上大价钱。如果以筷子长的玉料,不是剖细加工成五六双筷子,而是雕成一尊玉佛,那就可卖到几十倍上百倍的价钱。而制筷先要将整玉切割成条状,再经过研磨、抛光、水洗等多道工序,最后成筷,上市顶多卖个旅游工艺品的价钱,所以玉雕厂基本上不生产玉筷。

不过,我有两双绿松石筷"得来全不费功夫"。绿松石是世界上稀少的不透明的名贵玉石,也是制玉筷的上等材料。我国曾是世界上产量较多、质量较好的国家,不过近年来松石越采越少。绿松石色泽鲜美,有天蓝、浅蓝、海蓝、翠绿、苹果绿等,以天蓝最佳,蓝绿、苹果绿次之,浅蓝、灰蓝为第三等。质地坚硬者为上，松软者差。绿松石筷，近三四十年来绝迹市场，跑了江南 10 多个城市却无缘见尊颜。10 年前，在上海一条小街的古玩铺中偶然发现一双绿松石筷，当即以高价收之。这是一双明代的老古董，蓝蓝的色彩中泛着绿光，虽经 600 多年的岁月，光泽依然令人赏心悦目。此筷长约 21 厘米，圆柱体，通体没有任何装饰，更显朴实无华的美感。事隔数年，我又在苏州古玩市场购得另一双绿松石玉筷。所不同的是，筷顶圆帽状，并刻有两道环饰，箸体天蓝色，并有隐晶质天然肾状花纹，玻光鲜嫩，质地细腻，呈现出明代工匠高超的技艺。

绿松石除做整根玉筷，也可镶在其他玉箸上，如粉玉筷、墨玉筷顶端镶嵌绿松石箸帽，色彩更为艳丽。

珊瑚，虽不是矿物，只是海中珊瑚虫的杰作，但自古以来皆列为玉石类。珊瑚种类繁多，色彩绚丽，有红、白、绿、紫等品种，其中以颜色纯正的红珊瑚为上品。珊瑚筷也以红色为主，可鲜红色多为兽骨染色。浅红或粉红为真品，颜色不均者为仿品。珊瑚筷不会产生裂纹，裂纹者为伪品。以珊瑚制筷较少，故真品极为珍贵。

（五）潇洒密塑筷

近年来市场上出现一种乳白色的筷子，上方下圆，长约25厘米，10双一盒，盒上印着"像牙筷"3字。这名字很妙，粗心的人还以为是象牙筷呢。你要说他卖假货，他会告诉你，我明明写着"像"牙筷嘛，你何必当真呢？其实这是一种密胺筷，虽说和象牙筷有相似之处，但有本质区别。

密胺是一种热固性塑料，具有一般塑料的通性，即耐酸、耐碱、耐油、不传热，适宜制作餐具。具有瓷的光泽，但比瓷轻，质地坚固，落地也不会破碎，所以密胺碗筷成了儿童理想的餐具，又便于旅游者携带，非常适于野餐。宾馆、餐厅也多以密胺筷待客。它的得宠，原因是多方面的。

豪华旅馆、高级酒楼按传统采用象牙筷，可香港等地一直实行象牙制品进口管制措施。因大象是濒危野生动物，现在很多国家为使野生象免于从地球上消失，纷纷成立保护机构，因此香港餐厅即以密胺筷代替象牙筷。密胺易染色，可制成与天然象牙相仿的颜色，硬度也具有象牙的特点，韧而富有弹性，摩擦表面也不会起毛和留下划痕。密胺筷制作简便，价廉物美，故流行于港澳餐厅酒楼。

不过密胺筷也非完美无缺，虽说仿象牙但仿不出天然象牙的花纹，给人以呆板之感。近来有消息报道，日本酒井理化研究所付出艰辛的代价，终于研究出一种比密胺更理想的人工合成象牙材料，但也不甚完善，花纹和重量感方面，还有待进一步改进。

我国大宾馆近年来也效仿港澳，多采用密胺筷。笔者特以宾馆筷为专题收藏。经过一番努力，已收集到北京丽都假日饭店、香格里拉饭店、西苑饭店，深圳国贸旋转餐厅，上海和平饭店、富丽华大酒家、钻石楼、老正兴，南京金陵饭店等数十双密胺筷。这些四楞筷正面印有店号和店徽，也有的反面印有英文店名。其实密胺筷皆一个模样，没有什么收藏价值，我之会对这种筷子感兴趣，主要看中筷上的字体多出于书法家之手，有的潇洒流畅，有的清雅灵秀，有的遒劲神丽，有的俊爽飘逸。这些店号字以红、黑色为主，但上海富丽华大酒家字号却出自国画大师刘海粟之手，且以荷绿点染。进餐时见到这种密胺筷，顿时感到赏心悦目，随之食欲大增。

密塑筷并非近年的新产品，早在20世纪30年代上海就有化学筷出售，那时俗称赛璐珞筷。开始这种筷不过关，遇热汤就弯，划根火柴就能点燃，后经过改进，质量有所提高。我藏有数十双赛璐珞化学筷，黄褐色筷上刻有"天然鲜味晶"5字。这是当年的广告筷，凡购"天然鲜味晶"者，厂商免费将此化学筷赠送给顾客。另外在筷上题书作画者皆有，这也许算是中国最早的化学筷子。

我还收集了一些新发明的旅游塑料筷。这种筷有的如同一支扁形钢笔，可别在衣袋上，进餐时取下，在两根10厘米的方形塑管中各藏有一根圆塑短棒，旋下后再和上端方形外管旋紧，即是一双上方下圆的20厘米塑料筷。也有的外用铝管，内藏塑料短筷，吃饭时抽出塑料筷，即成为上端金属管下端塑料棒的塑料筷。这种伸缩式、折叠式、组合式的塑料筷虽然设计精巧，实用价值并不高，购买者仅是出于好奇心，当成旅游纪念品或是当成玩具玩玩而已。

在一般人的常识中，密胺餐具是无毒的，可是报载，上海市食品监督所的一项检验表明，市场上柜产品中有1/3的密塑碗筷不符合国家规定的卫生标准，对人体健康有害。日本在香港上市的日本密胺筷，下端都贴有"卫检济"醒目标签，而我国生产的密胺筷却无卫生检验证贴于筷上，这有待于改进。

　　早年也有以瓷制成筷子，青花瓷筷和彩瓷碗碟相配，给餐桌增添美感。瓷筷虽美但易断，和玻璃筷一样，只有工艺价值，没有实用价值。

　　随着时代的发展，也许不久有更理想的筷子新品种诞生。但目前来说，筷子基本分竹木、金属、牙骨、玉石和密塑5大类。筷箸世界五彩缤纷、千姿百态，使我们的生活更丰富多彩，使我国的饮食文化发扬光大。

三 名人帝王用筷谈

（一）名人论筷箸

筷子虽为日用寻常之物，却蕴藏着丰富的文化内涵，因此引起了不少名人的思考和议论。

著名教育家、曾任北京大学校长的蔡元培先生，1924 年出席法国里昂的中法两国大学董事会。会后蔡先生举办中餐宴会招待客人，席间，主人和巴黎大学欧乐教授就刀叉和筷子问题展开有趣的探讨。蔡元培对法国客人说："早在 3000 多年前，我们的祖先也用过刀叉。不过华夏民族是酷爱和平的礼仪之邦，宴会上出现刀叉会被人视为凶器，影响友好欢乐的气氛。再说，中国的烹饪技术大有改善，不需要就餐时一块块割肉，这样既浪费时间又欠文雅，所以从商周时代起就改用匕和箸进餐了。"欧乐教授作为法国人原来很不习惯使用这两根小棍棍进餐，可是听了蔡元培对筷子的论述，连连点头，对筷子十分欣赏，然后很有兴趣地握起筷子，去品尝中国的美味佳肴。

诺贝尔奖获得者、著名物理学家李政道博士，在日本东京接受记者采访时说得更明确："中华民族是优秀的民族，早在春秋战国时代就发明了筷子。如此简单的两根东西，却高妙绝伦地应用了物理学上的杠杆原理。筷子是人类手指的延伸，手指能做的事，它都能做，且不怕高热、不怕寒冻，真是高明极了。比较起来，西方人大概到十六七世纪才发明刀叉，但刀叉又哪能跟筷子相比呢？"真是三句不离老本行，物理学家一眼就发现了小小的筷子却富有杠杆原理。他的这段话，给普普通通筷子极高的评价。尽管李政道博士长期生活在美国，以刀叉进餐，可当他说起筷子，却充满自豪感。

著名文学家、翻译家梁实秋在台湾出版了《雅舍小品》、《雅舍谈吃》等书，其中有一篇《圆桌和筷子》，文章中写道："筷子是我们的一大发明，原始人吃东西用手抓，比不会用手抓的禽兽已经进步很多，而两根筷子则等于是手指的伸展，比猿猴使用树枝弄东西又进了一步。筷子运用起来可以灵活无比，能夹、能戳、能撮、能挑、能扒、能拿、能剥，凡是手指能做的动作，筷子都能。"梁实秋先生到底是文学家，一连用了7个"能"，非常形象地写出了筷子的特点。

梁教授还写出了自己所喜爱的筷子的品种："象牙筷并没有什么好，怕烫，容易变色。假象牙筷子颜色不对，没有纹理，更容易变色，而且在吃香酥鸭的时候，拉扯用力稍猛就会咔嚓一声断为两截。倒是竹筷最好，湘妃竹固然高档，普通竹筷也不错，糅油漆固然好，本色尤佳。"

我国伟大的革命先驱孙中山先生原是华侨，常年生活在欧美，可他在海外就餐喜用筷子，不爱刀叉西式餐具。1911年7月孙先生在美国旧金山应邀赴宴，桌上原放着刀叉，中山先生却要求换筷子，女主人不以为然，孙中山指着桌上的咸鸭蛋说："我最爱吃家乡的咸蛋，可吃咸蛋刀叉无用武之地，只有用筷子一点一点挖着吃，才别有风味，你们说对吗?"主人感到言之有理，忙叫仆人换上筷子。孙中山曾说过："筷子是世界上巧妙的餐具，我喜欢用筷子进餐。"

上海文联副主席、上海戏剧家协会主席杜宣，前不久在报上发表了《汉文化与筷子》。文章说："筷子，原名'箸'。我的故乡江西，现在还有的地方将筷子仍叫箸。"他写道：

"筷子都是汉文化的特征，只有受汉文化影响的国家，才用筷子。在亚洲，除了受汉文化影响的日本、朝鲜、韩国、越南和新近建国的新加坡外，余均是用手进食的。"杜宣又说："今日西餐桌上的刀叉，是过去战斗刀叉的缩短。虽然在一些富豪餐桌上的刀叉，用金子或银子，甚至镶上宝石，经过有名的艺匠精心制作，放在洁白的桌布上，熠熠发光，但毕竟摆脱不了它原始的野性痕迹。而筷子则早从这种原始的野性中异化出来了。"

名人也并非都在赞扬筷子，有的还指出了它的不足之处。其实也并非筷子本身的缺点，而是认为大家同桌在一个盆碗中捞汤拣菜不卫生。教育家陶行知1939年创办了育才学校后不久，即制订了《育才卫生教育二十七事》，其中第10条规定"用公筷分菜"。此条文公布后，陶行知即在每张学生餐桌上放置公筷，并带头坚持双筷制，以防"病从口入"。当年在育才学校就读过的老校友，现在聚餐时还不忘使用公筷，他们说："这是陶行知校长教导有方。"

独树一帜的著名画家和音乐家丰子恺，喜爱的却是不登大雅之堂的剖筷。他在50年前说："西洋人用刀叉太笨重，而我们用的筷子洗了吃、吃了洗，实在麻烦。我在日本留学时，在饭店里用过一种消毒割箸（一次性筷子），就餐前割箸用纸袋套好，吃后一扔了事。我非常推崇这种既方便又卫生的剖箸筷子。"

我国著名的饮食文化专家王仁湘先生，在《箸史》一文中说："同包括中国在内的世界所有的几种进食具相比，筷子显得更朴素更平常，但使用技艺要求最高。两根筷子之间没有直接的联系，靠了拇指、食指和中指的作用，便可夹、可挑、可戳、可扒，很容易达到熟练自如。筷子对食物的适应性也最强，可以取食除羹汤类流质食物以外的任何品种的肴馔。更重要的优势是筷子制作简便，原料广泛。"

总之，名人对筷子十分赞赏，这不由使我们对创造发明筷子的祖先肃然起敬，同时也以我国有 3000 多年用筷的历史为荣。

（二）毛泽东等用筷趣事

毛泽东主席生前喜爱用何种筷子？不但筷子收藏爱好者、饮食文化研究者、民俗学者感兴趣，也许对广大读者来说，同样是个感兴趣的问题。可是毛泽东逝世后，有关他一生的书籍出了一册又一册，却根本不提那不登大雅之堂的筷子。

笔者不甘心，多次查阅，终于在《"卫队长"的回忆》一书中，找到几句这位富有传奇色彩伟人与筷子有关的一小段介绍：

> "毛泽东正经吃饭，一般是四菜一汤。这四菜少不了
> 一碟干辣子，一碟霉豆腐；这一汤，有时就是涮盘子水。
> 他一直使用毛竹筷子，大饭店里的象牙筷一次也不用。
> 他说："太贵重，我用不动。"

不过，毛泽东青年时也曾用过象牙筷。1925 年 5 月，他从宁乡县来到湖南安化县，看望一师同学贺仙阶。贺见毛泽东风尘仆仆，忙叫妻子拿出新衣新鞋给他换上，又吩咐家中人严守秘密，不准走漏风声。毛泽东在贺家住了好几天，当他完成党的任务临别时，就把随身所带到一双象牙筷送给贺仙阶留作纪念。解放后，文物普查时，此筷作为革命文物，珍藏于湖南安化县文化馆。

1957 年，四川江安竹筷生产合作社的老艺人赖银章，花了十几个工作日，精雕细刻举世无双的狮头龙凤筷献给毛主席。这双竹筷工艺奇绝，小小筷头上雕刻了雌雄狮一对，眼、耳、鼻、须、身、尾、四蹄俱全，颈系铃铛。最可爱之处是，一只足下护着一头幼狮，另一脚下踩着元宝，绝妙工艺在于双狮眼珠还能滴溜溜转动。

毛泽东见到这双妙手天成、高雅奇秀的龙凤竹雕筷非常喜爱，可他放在手中玩赏一会儿后，叫秘书写了回信："你们寄来的龙凤竹筷收到。党中央规定，党和国家领导人不能接受礼物……以后，你们不要给我个人送礼了。"

后来毛泽东同志将这双精湛绝妙的双狮龙凤竹雕筷转送给了原苏联国家领导人。

毛泽东伟大的一生，一直用的是普通筷子。

毛泽东认为象牙筷"太贵重，用不动"。可十大元帅之一的刘伯承却不以为然，他生前就用过象牙筷。不过也不是常常用，而是高兴的时候，取出珍藏的两只铜碟、两把长柄铜勺、两只小铜酒杯、两只铜托碟和一双象牙筷，斟上一杯酒，畅饮一番。这些小小的铜餐具，皆为清代古物，小铜酒杯上还錾有花草纹饰，小铜碟花瓣式的造型十分古雅；那双上方下圆的四楞象牙筷，柔光滑润，握在手中非常舒心。其实刘伯承元帅醉翁之意不在酒，而在于这些精美的餐具。清代美食家袁枚有句名言："美食不如美器。"刘帅就是爱玩赏这些"美器"，才找机会握着象牙筷喝上两盅。

自刘伯承元帅病故后，这8件铜餐具和一双象牙筷全部捐赠军事博物馆收藏。

周恩来同志生前也有一个和筷子有关的小故事在民间广泛流传。日本首相田中访华时，在国宴上，田中高举酒杯说："总理阁下，日本的用箸习俗是由中国唐代传入的，当时贵国称筷为'箸'，我国至今还保持着你们唐代'箸'的原名，虽然你们改箸为筷，可我们没改。中国的筷箸给我国带来了既文明又方便的理想餐具。我要敬您一杯，感谢你们给我国输入了良好的饮食文化。"当宾主碰杯一饮而尽后，田中又出了个和筷子有关的难题请周总理回答。

田中首相说："您能用4根筷箸组成一个田中的'田'字吗?"周恩来才思敏捷，他立即抛弃普通人常用的横排组字法，而是竖起筷子，用4根筷子头排成一个"十"字，然后用右手的拇指和食指围成一个"口"字形，左手将4根筷子头组成的"十"字放入"口"形中。见此情形，田中首相微笑着再次举杯说："巧妙极了，钦佩! 钦佩! 我再敬您一杯!"

筷子上有名人题字，这也许没有什么稀罕，国画大师刘海粟及一些著名书法家曾在大宾馆的筷子上留下了自己的笔墨。可作为党中央总书记的墨迹印在筷上，那这种筷子当然是非常珍贵的纪念品。我收藏的一双上海华亭宾馆漆筷，筷上"华亭宾馆"4个红字就是出于胡耀邦总书记之手。

当年特别现代化的华亭宾馆在上海落成，这是改革开放的最新产物，请谁题写店招呢？正巧胡耀邦在上海视察，于是"华亭宾馆"4字就由他来大笔挥就。在开办餐厅时，胡耀邦写的店招被缩小印在漆筷上。现在用过此筷的人不少，可筷上之字出于胡耀邦之手却鲜为人知。如今胡耀邦同志已去世多年，此筷更弥足珍贵。

（三）宫廷御筷最豪华

筷子，本只是两根小玩意儿，无论用什么筷子进餐，也不值得大惊小怪。可是早在3000多年前，商纣王开始用象牙筷时，大臣箕子十分恐慌。他预感到纣王今天用了象牙筷，明天就会用犀玉杯，进而就要吃象鼻豹胎，然后要穿最豪华的锦袍，住亭台广厦。因为人的欲望是无止境的，何况是一国之尊。

现在象牙筷算不上什么高贵的稀罕物。可是在3000多年前的商代末期，要打死一头凶猛的野象，说不定要有几个奴隶伤亡，再锯下碗口粗的坚硬象牙，再剖开磨光制成细细的筷子，在只有极为原始的工具情况下，这要耗费多少人力，国库要支付多少财力物力，无怪箕子为纣王的奢侈感到惊恐。

从商纣王开始，一代代帝王所用的筷子，越来越精美，越来越豪华。历代皇帝不但每餐用金筷玉箸进餐，心血来潮就将其赏赐皇亲国戚、宠臣太监，驾崩时还要将这些珍贵的筷箸带进坟墓中去"享受"。北京定陵博物馆现存3双乌木镶金筷，筷约40厘米长，其中两双特粗的四楞乌木筷上部镶有闪光金帽，中间也镶有金环。另一双圆箸的筷身雕有盘龙，昂首舞爪，栩栩如生。这种出自能工巧匠之手的艺术珍品，谁见谁爱，可明神宗这位皇上却舍得将之埋入地下。幸好，这座皇陵于1956年被考古学家科学发掘，这些餐具之宝才得以重见天日。和这批乌木雕龙镶金筷同时出土的，还有箸瓶架。这种放金匙、金筷的瓶式箸笼，为金属制造，造型极为别致，古朴典雅。

古代帝王君主饮宴中所用的美食美器，并非仅仅满足于生理上的需要，更为突出一个"礼"字。以餐具来说，质地、造型、摆放、使用等，皆有严格规定，等级森严，马虎不得，显示一国之君至尊至崇、至高无上的地位。清代帝王为展示其举世无双的显赫皇威，碗碟皆由江西景德镇"官窑"烧造，最后挑选的特等上上品运京，才能算得上宫中御瓷，而小小的筷箸则由宫廷专门的能工巧匠精工制作。

　　乾隆二十一年十月，乾清宫总管刘玉、潘风和养心殿内总管刘沧洲、圆明园总管李玉等，奉旨清理御膳房餐具，有"底档"可查的筷箸名称是：松石顶金镶牙箸、汉玉镶嵌紫檀商丝银箸、紫檀金银商丝嵌玛瑙金箸等等。仅从以上稀奇古怪的筷名来看，清代皇帝所用之筷，单纯的金或玉已不够新鲜，竟集金、银、象牙、玛瑙、绿松石、紫檀等最贵重的材料于一身，似乎这样才能显出皇权的威风。

　　独断专权的慈禧太后，在选用筷箸上也不甘示弱，更讲排场。西太后六旬庆典，为举办寿宴，竟添置金碗、银壶、金银牙箸等789件，耗银13855两之多。

　　据光绪二十八（1902年）二月十二日立的《御膳房库存金银玉器皿册》记载，仅筷箸类计有：

金两镶牙筷6双

金镶汉玉筷1双

紫檀金银商丝嵌玉金筷1双

紫檀金银商丝嵌玛瑙筷1双

紫檀商丝嵌玉银镶牙筷16双

紫檀商丝嵌玉银镀金驼骨筷8双

铜镀金两镶牙筷2双

银镀金筷子 2 双

银两镶牙筷大小 35 双

紫檀商丝嵌玉金筷 1 双

象牙筷 11 双

银三镶筷 10 双

银两镶绿虬角筷 10 双

乌木筷 14 双

上述金银、象牙、玉箸库存底档，虽是光绪阅后旨示"查得"，但实际上是慈禧执政专权的产物。这位老佛爷豪侈无度，总是追求最豪华的享受，于是这批极为珍贵的筷箸就成了她餐桌上的日用品。从另一种意义来讲，这些罕见的精美餐具虽是皇宫王妃的奢侈品，同时也是中华民族历史发展的文物遗产，也是充满古代工匠智慧艺术光辉的结晶。尽管它们仅是小小的筷箸，却精美绝伦，可以说是我国悠久饮食文化的一种杰出的代表。

咸丰、慈禧、同治和光绪等清帝王妃所用的筷箸，笔者在承德避暑山庄博物馆、北京故宫珍宝馆皆有所见，既有尺把长的纯金筷，也有象牙上下双镶金筷，翡翠两镶金筷等，真是大开眼界。这些皇宫御箸已成为中外收藏家梦寐以求的争藏目标。据报载：印度尼西亚一位老华侨藏筷 900 余双，其中有一双流落海外的明代皇妃用过的金筷，他是以巨额美金购之珍藏。

据《伪帝宫内幕》一书载："溥仪使用的饭碗是中号的，不大不小，里面上白釉，外面是黄釉，有一个圆圆的篆体'寿'字，围绕这个字有 4 只'蝙蝠'，这是'福寿'双全的吉祥象征。溥仪使用的筷子是银的，它的优点是能防止中毒。"这位伪满皇帝为何不像他的先帝乾隆、咸丰那样用金筷、玉筷，而用寒碜的细银筷呢？这确实有难言之隐。一来伪满经济大权属日本主子控制，无钱高价购制金箸玉筷，更主要一点是防毒。溥仪为维持不得人心的伪皇权，不但常常对下人罚款，还对老妈子、随侍、勤务班的人轻则罚顶砖、跪铁索、关禁闭，重则打嘴巴、打屁股、囚木笼等等。溥仪知道身边人对他恨之入骨，所以终日惶惶不安，每餐上菜，每盘菜中除插银牌试毒外，还要殿侍严桐江亲口"尝膳"。这位康德皇上生性多疑，两次试毒还不放心，自己再以银筷御箸试毒，以防被人暗算。

历史上还有几个有关皇帝和筷子的小故事，说来也很有趣。唐代有位姓于名琮者，升了官，唐宣宗决定召他为东床驸马，谁知永福公主不满意这桩婚事。当时封建礼教迫使她不便表白拒婚，于是她有意在进膳时折断一根筷子。宣宗见一副筷子不成双，知道女儿不满嫁于琮的婚事，但皇帝金口玉言，说一不二，只好将广德公主嫁给于琮为妻。这就是"折箸断婚"典故的由来。

五代时期卢文纪官拜宰相，完全靠两根筷子帮了大忙，才登上这仅次于皇上的宝座。说来好笑，后唐明宗选宰相拿不定主意，优柔寡断，最后心血来潮，将几位大臣的姓名写在纸上，叠好放在瓷瓶中，然后焚香摇瓶，再拿起筷子从瓶中夹出一张纸条。凑巧纸上写着卢纪文的名字，于是他就成了当朝宰相。这种筷子选相真可谓宫廷荒唐事。

明代刘伯温投靠朱元璋得到重用，也和筷箸有关，不过不是靠运气，而是凭真才实学。相传刘伯温初见朱元璋时，朱正手握竹箸进膳，即以筷子为题考考刘伯温。刘见朱元璋手中拿的是湘妃竹筷子，即吟唱："一对湘江玉并肩，二妃曾洒泪痕斑。"朱元璋听此两句，知道他所说的是娥皇、女英两妃哭尧帝，洒泪竹丛而变湘妃竹的典故，故认为他太"书生气"。谁知刘伯温继续高声吟道："汉家四百年天下，尽在留侯一借间。"这后两句说的是张良借筷子阻止了酒徒郦生的错误决策，并帮助汉高祖刘邦扭转不利局面而完成了强汉大业。

　　朱元璋通过这首吟咏筷箸之诗，考虑到刘伯温满腹经纶，定会像当年军师张良辅佐刘邦那样扶掖我完成大明创业。后来刘伯温果然成了朱元璋的军师，扶持朱元璋登上明朝开国皇帝的龙椅宝座。

四 汉族婚仪筷俗

筷子，古代有多种名称。筴，乃先秦筷子之名；箸，也是筷的古名，从"竹"，"者"是煮字初文。这说明最早的筷子为竹制，多用于从滚开的陶锅中夹取煮食。櫡、梜、筯等，都是筷子的古称。魏时又称筲或籯，隋唐统一以箸为名。

箸，何时改名为筷呢？原来300多年前，民间有很多忌讳，江南水乡船家特别忌讳"住"与"蛀"字。"住"，停船不前；"蛀"，木船最怕虫蛀。因箸与"住"和"蛀"谐音，犯了忌，故船民、渔民反其道改"箸"为"快"。因南方筷多竹制，后来文人在"快"上加竹字头，一个新的名称就诞生了。

由"箸"改为"筷"的变更时间，大约在清康熙以后，因为《康熙字典》中查不到"筷"字。而在曹雪芹所写的《红楼梦》中，已开始"箸""筷"交替出现。在第40回描写刘姥姥在大观园中与贾母同桌饮宴，曹雪芹 7 次写"箸"，两次用"筷"。由此可知，那时"筷"字尚不流行，随后，"筷"替代了"箸"。

正因明末清初"箸"渐渐演变为"筷"，筷子也随之成为吉祥物，特别在婚礼中，筷子成了好口彩。

婚礼乃人生大礼，自古以来我国各民族都极为重视。古人创设了一整套烦冗复杂的婚姻礼仪，后世传承过程中，虽有遗失和变异，但讨口彩、祈人丁兴旺的习俗，在数百年的岁月洗礼中仍然十分流行。在人类向往和追求吉庆祥瑞观念中，筷子在婚礼喜庆时所折射出来的时代和社会心态，是十分有趣和值得探讨的。

（一）黄土高原拜堂筷俗

黄土高原上的陕北，迎亲的男女大队人马赶着驴车向女方出发时，必须带着 4 桌大饭。所谓"大饭"，一桌是点着红点的 10 个大馍馍，俗称儿女馍馍；还有一盘离女糕，捏成方盘形，四角和中间各放一颗红枣；另外是一对宝瓶，内装少许米。队伍进了新娘家大门，女方先端上荞麦面饸饹，让新女婿吃过，然后紧闭大门。岳父把宝瓶里的米倒在锅中，边炒边说："炒好了，炒好了，'生'亲戚成了熟亲戚了。"然后又把熟米装进宝瓶，并用艾草和香把瓶口塞住，再取出一双红筷子，用红头绳拴在瓶口上递给女儿说："香、艾，就是你俩'相爱'，红头绳把你俩拴在一搭了，你们就像筷子一样，成双作对，永不分开。这筷子，就是让你们小两口'快快'活活过日子。"岳父说完把门开开，新郎新娘这才出门。待新娘子到了男家后，入洞房时，新娘要抱一只斗，里面装着麸子，这是取"福"与"麸"的谐音。新娘再从抱来的宝瓶上取下筷子，插在斗中的麸子里，这寓意着小两口"快快"活活生活在"福"中。

旧时陕西华县一带，新娘下轿拜花堂后，新郎揭去新娘的盖头，入洞房时往往绕道进厨房。看见预先扣在锅盖上的瓷盆，迎姑婆即放开嗓子唱道："媳妇见盆，骡马成群!"这时另有人递上一双筷子，新娘子用筷子在锅中搅几下，迎姑婆又唱道："新媳妇搅锅，粮越搅越多。"入洞房后，围观者向洞房内丢进一块瓷瓦，迎姑婆又唱道："窗外丢瓷瓦，明年生胖娃。"正唱着，忽然有人从窗外"哗"地一声撂进一把筷子，迎姑婆见了马上高声唱道："隔窗撂筷子，明年生太子。"此俗当地称作"唱赞礼"，直到现在陕西依然流行。

　　陕南一带女儿出嫁，父母要陪送一箱嫁妆。成亲那天，送嫁妆时必须要有个小男孩押箱，俗称押箱弟。押箱弟随抬箱人到了男家，新郎特请他入席。押箱弟年龄虽小，但此时是上宾，特别是他所用的筷子十分考究，长短、粗细、花色等必须绝对一样，男方家长往往要在几十双新筷子中挑了又挑，拣了又拣。这倒不是小小的押箱弟十分挑剔，人小难伺候，而是按习俗这双筷子表示新郎新娘成双作对，情深谊长。若是这双筷两根不相配，这就犯了忌讳。如一根上有个小疙瘩，那就意味着新婚夫妇生活中会出现疙里疙瘩的麻烦。所以，这双筷儿要求特别严格，丝毫不能有偏差。这样夫妻才会和筷子一样，形影不离，携手并肩，白头偕老。

　　陕西乾县婚俗，新婚离开娘家，要边哭边将一双筷子扔在地下，然后吹吹打打，随迎亲队伍上路，等中午到了婆家，又要从地上拣起一双筷子。这一丢一拾的两双筷子，寄寓着3种意思。先说扔筷，表示新娘出嫁从此不在娘家吃饭了，嫁出门的女儿泼出门的水嘛！再说拾筷，表示新娘成了婆家的人，今后无论生活如何，新娘必须与这个家庭同甘共苦了。含意更深一层，当你这个新媳妇从见到婆家的第一双筷子起，就要精打细算，节衣缩食，挑起全家和面做饭的重担，当思一粥一饭来之不易。这扔筷拾筷的风俗，反映了西北黄土高原教育新婚夫妇勤俭持家的传统。

十里不同风，百里不同俗。陕西有的地方在新婚时，和新娘玩一种筷子游戏。新媳妇到了婆家，妯娌和小姑为考考新娘，往往会出许多难题。西安流行的难题是将一把筷子分别藏于墙角、屋后、树丛、草堆中，要新娘子把筷子找回来才开饭。如果新娘能在饭前一根不少找回筷子，妯娌小姑们就会夸她聪明伶俐、手脚勤快，婆婆也会更喜爱这个刚过门的新媳妇。藏筷找筷看来不过是小姑难难新嫂嫂而已，其实此俗还另有意思，那就是告诫新媳妇，吃饭不是易事，要动脑子费力气，才能吃上美菜香饭。

（二）江浙闹洞房筷俗

江苏扬州闹新房有"麒麟送子"的习俗。按当地老规矩，新婚洞房之窗必须用红纸糊得严严实实，等新娘进入洞房后，"麒麟送子"即开始。所谓"麒麟送子"，不过是一群人举着纸糊的麒麟灯，送一束红筷子。这时闹新房的人将窗纸戳破，筷子纷纷落入洞房，因"筷"与"快"谐音，这是取"快生贵子"的口彩。

接下来的节目是"捣筷撒床"。这时只见送麒麟、撑花船的人手捧托盘进入洞房,盘中放着碗和一双红筷子及红枣干果之类,盘上盖着红纸,另一群人敲锣打鼓拥入新房。为首者此刻拿起碗筷,以筷捣着碗底,然后一人领唱众人和。

"筷子筷子,快生贵子。"

众人应声:"好呐!"

"筷子一头圆来一头方,

养儿长大当厂长!"

众人应声:"好啰!"

等一套套唱完,领唱者必须把筷子交给新郎,把碗交给新娘。以筷捣碗乃千年古风,象征着男女交媾之意,这是一种古老的生殖祈子遗俗。

苏北靖江新娘出嫁时,父母一定在子孙桶(俗称马桶)里放进莲子、栗子、枣子、鸡子(鸡蛋)和一束红筷子,谓之"五子登科"。闹洞房时,各色果子和筷子要由新郎从子孙桶中取出来分给闹新房的人,一束筷子寄寓多子多福之意。

苏北宝应县婚俗,新郎新娘入洞房后,闹新房的人有个精彩节目,叫"筷捣窗户"。它不同于扬州捣窗习俗,捣窗的主角是个小男孩,孩子由父母抱着,小胖手拿着红筷子,边捣窗纸边唱道："我是童男子，手拿红筷子，站在窗台下，捣你窗户纸。一捣一戳，生个儿子上大学；一捣一穿，养个儿子做大官。一双筷子一个洞，生个儿子更有用；筷戳窗纸笑哈哈，养个儿子科学家。"其实这筷捣窗户，也是生殖的象征。

旧时，江苏省江宁县的民间婚娶礼节相当繁缛，婚礼以隆重为荣。新郎新娘在晚间设宴向宾客敬酒后，入洞房时除唱"手捧花烛亮堂堂，喜送新人入洞房"等《祝酒十唱》外，领唱人还要手拿一把筷子往上抛撒，边撒边唱："筷子筷子，快生贵子；筷子飞扬，子孙满堂；筷子落地，状元及第。"撒筷后，这才开始闹新房。

无论是早先还是现在，闹新房都会把新娘子闹得七荤八素，难以忍受。可是浙江有些地方对新娘子特别客气，摆喜宴时设有新娘专席，俗称"新妇席"，并选 4 位未婚姑娘作陪。每上一道菜必须新娘子先动筷，同席者方可吃菜。如果有的新娘害羞不好意思握筷，陪客就要想办法让新娘筷不离手，手不离筷。只有这样，大家才能吃得痛快。

浙江永嘉青田交界处，还有喜宴设"衣冠座"之俗。俗规娘舅不到场贺客不可动筷。若遇娘舅实在不能出席婚宴，按祖传之规，便将他的衣帽放在座位上，并在空位餐桌上只放筷子不放碗，以示区别敬祖上供。只有衣冠座放一双娘舅筷后，其他桌上的贺客方可举杯畅饮。此俗为母权制遗风的表现。

（三）鲁穗等地婚礼筷俗

旧时山东泰安、济宁、淄博等地，结婚之日，新娘一出花轿门，夫婿家有用红纸包红砖、系红绳放在街门楼过梁上，砖下压两双红筷子以避岁星之俗。另一说，砖下置新筷两双，取粮满仓足、饮食丰富之意。《临淄县志》也有砖裹红纸、压筷门檐的记载。从县志看，压筷为辟邪消灾的风俗。

流传于广东翁源一带的"呼彩"，也有新婚以筷辟邪一说。旧时当地婚礼仪式上，母亲或伯母端着一个米筛，圆筛内放数十双筷子，走到打扮好的新娘身边，在她头上边筛边唱道："筛子圆丁当，筷子长琅琅，今日送俺心肝女，大吉大利嫁夫郎。"筛子是辟邪物，筷子是吉祥物，按习俗两者"呼彩"，新郎新娘定有彩头。翁源地区闹洞房也是筷子唱主角。一些爱吵爱闹的亲友，他们会事先准备一些筷子、碟子、枣子、柏子、莲子等物，一定要新娘一一高声报出名字。因为这些果品和餐具的谐音是快子、叠子、早子、百子、连子，每当新娘扭扭捏捏说出这些名称时，就会引起贺客的一阵笑声。

广东潮汕民间嫁娶，又有自己的特点。新郎新娘入洞房要吃桂圆汤，当陪嫁娘端来两碗桂圆时，发给他俩一人一双新红漆筷子。喝汤本来用汤匙方便，为啥定要用筷子呢？这是取"筷"、"桂"、"子" 3字的谐音，以讨"快生贵子"的好兆头。吃时也有花样，新郎以筷夹桂圆送入新娘口中，新娘也要同时以筷夹桂圆送到新郎口中。这时围观者又笑又闹，可新郎新娘切不可受外界干扰而分心，必须全神贯注在筷头上，以免桂圆滑落。这一招真不简单，小两口必须配合默契、夫唱妇随，手捏筷子不能过紧也不能太松，全靠筷子功夫到家，才能吃到这"结房圆"，不然前功尽弃，又要重新夹起。

结婚时少不了筷子。订婚时也少不了筷子，这种筷古称回鱼箸，乃是明清时代老式订婚必不可少的吉祥物。当男方把订婚的彩礼送给女方后，女方以淡水两瓶，活鱼三五条，筷子一双，作为回礼送男方，称回鱼箸。在山东寿光，以枣、栗和筷10双作回敬之礼。而博山一带回箸9双，谓之"十亨久（九）住（箸）"，以为吉祥之意。

女儿出嫁，为显得富有，往往陪嫁箱柜数十只，再穷也要置办锦被、绣花衣裤等。在云南陪嫁中无论穷富总少不了两双筷子。以红纸封好的筷儿，并非金银象牙等名贵高档筷，而是以艾蒿杆削制而成。千万不要瞧不起这蹩脚货，认为它难登大雅之堂，可云南汉族地区却将此筷当成非常重要的吉祥物。艾筷、艾筷！小两口用之定会恩恩爱爱也。

这种陪嫁筷，笔者有两双收藏。并不是艾筷，而是镶银红漆筷，长24厘米，筷头镶银套8厘米，筷顶镶银帽2厘米。此筷银光闪闪，红漆锃亮，非常美观。筷为圆柱形，连筷顶银帽也成乳头状。陪嫁筷为何不用方楞筷而用通体圆筷呢？用意很明显，这也是为讨吉利——圆圆满满，而四楞筷"楞"字犯忌，"愣头青"、"愣头愣脑"，皆为不祥之词。这种清末民初年间的陪嫁筷十分考究，除镶银还配有双喜绣花金丝半套，套镶蓝边如意头。想当年这两双彩套红漆筷放在托盘中捧进新房，新娘新郎肯定爱不释手。

（四）湘鄂豫婚礼撒筷偷筷

在我所收藏的1 000多双古今中外筷箸中，有8双竹筷极为普通，可当它染上红色却另有一番情趣，此筷是我从湖南觅来的。湖南祁东一带，旧时风俗，揭新娘子盖头，不是由新郎动手，而是由婆婆完成这一任务。新郎新娘双双坐在床沿，婆婆双手握着两束红纸箍着的筷子，一步步走向床边，然后以红筷轻轻挑起新娘的盖头。这时闹新房的人才看清新娘的庐山真面目。有的鼓掌，有的叫好，有的说漂亮，新郎更认为新娘是天仙下凡。以筷挑盖头，既有祝新婚夫妇"快快活活"之意，又有"快生儿子"之意，一举两得也。

湖北不同于湖南，鄂西神农架地区，新娘在上轿前必须由舅舅把她抱着放在量谷的斗上。这时只见新娘把手中握着的一把筷子"刷"的一声撒在娘家堂屋地上，这才挥泪上轿。撒筷，寓意娘家"筷筷落地快快发"，也含有"快"生贵子的祝福。

青海河湟汉族地区，旧时在女儿出嫁拜过祖先出堂屋时，也有丢筷习俗。这个仪式或由新娘父亲，或由兄长，或请直系血统的男性来执行。丢的必须是新筷，丢的地方必须在房门外。丢筷时，赞礼者同时还要高唱祝福词：

一撒洞房一世如意一世昌；

二撒新郎新娘上牙床，二人同心福寿长；

三撒新人心意好，三阳开泰大吉祥。

撒筷寓意女儿虽出嫁属于他姓，但禄粮仍留在家中，男女双方皆家道兴隆,吉祥如意。青海东部也流行此俗,撒筷有时由新娘自己边走边向后丢,最后一双筷则插在马鞍上,带到婆家去。

说来有趣,吉林等省,新郎去女方接新娘不兴撒筷,却兴偷筷。听起来"偷"字有点刺耳,新郎却非偷不可。当新郎和伴郎来到新娘家,岳父母要摆宴招待新女婿,虽说是宴席,仅有糕点、糖果各 4 盘,及酒杯数盏、筷子数双上桌。饮酒时,新郎打掩护,伴郎乘机偷筷子。这是以"筷子"寓意"快生子"的习俗。说怪不怪,岳父母虽然发现上门女婿在偷自家东西,并不捉贼,相反,有意给新女婿造成下手的良机,因为他们老两口也希望早日当外公外婆。

山东黄县(今龙口市)新郎到岳父家迎亲,不但偷筷子,还笑着偷酒盅。这也有名堂:偷筷为的是"快生儿子",可生的不是一般的凡夫俗子,而是忠(盅)孝(笑)两全之子也。

河南安阳也有结婚偷筷习俗。迎亲时,男方可以偷女方家的筷子、茶杯等。来而不往非礼也,而送亲的女方人员到了姑爷家,也可顺手牵羊将碗筷之类的东西带回家去。有趣的是,等新娘三天回门时,男女双方可交换所"偷"之物。此俗目的当然不在于偷东西,而是讨口彩,美其名曰"偷富"——偷了筷子，双方都可以很"快"富起来。

结婚唱山歌，这在西南边疆少数民族地区习以为常。汉族举行婚礼大唱山歌虽不多见，并非没有。四川什邡山区汉族结婚就大唱婚嫁歌。男方基本分"唱开场"、"中间唱"，再唱"插花"、"拾红"。女方要唱"哭嫁歌"、"骂媒人"和"踩斗歌"等，其中最动听的要算"撒筷歌"。当新娘由兄弟背出大门后，临上花轿时，娘家人向轿子四周抛撒红筷子。也有的筷子不染色，却用红纸包好，撒时拆开红纸包，撒向四方。新娘见了忙唱道：

> 筷子落地十二双，根根筷子放红光。
>
> 姊妹捡到买衣裳，兄弟捡到买牛羊，
>
> 哥哥捡到买田庄，嫂嫂拾到攒私房。
>
> 女儿出嫁别爹娘，筷子撒出人财旺。

这时，送亲和围观者一拥而上，纷纷抢拾筷子。相传捡到一根交好运，拾到一双更吉祥。抢筷热闹的场面冲淡了花轿抬走后的冷清，给女方增添了一些喜剧气氛。

五　少数民族婚礼筷俗

我国地大物博，人口众多，56 个民族由于社会环境不同，生活情趣不同和传统思想的差异，形成了各自独具风采的婚姻习俗。虽然各族婚礼缤纷多彩，各具特色，但总忘不了筷子。尽管少数民族大多生活在边疆山区中，交通不便，和内地来往不多，可筷子依然穿插于求婚、订婚、成婚的过程中。和汉族举行婚礼离不开筷子一样，少数民族也把筷子当成吉祥物，在婚礼中形成了更富有民族特色的箸文化生动而有情趣的一个侧面。

（一）畲族新婚筷俗

对畲族同胞来说，筷子不仅是吃饭的工具，而且还是吉祥物，特别在婚俗中，筷子别有一番情趣。

畲族民间交碗筷的婚俗，流传于浙江山区。新娘上轿前，由双亲或子女齐全的近亲妇女抱出房间，然后高高站在客堂中央的木凳上，兄弟姐妹在四周围着他转，转罢大家同吃"姐妹饭"。首先，新娘拿起筷子唱道："口含米饭分大小，爹娘从今托兄嫂；弟妹年少不（会）传食，拉（忙）里拉外寄辛劳。"唱完即将手中的饭碗、筷子传给身边的弟妹，然后每人吃一口饭，再一个个传下去，恰似办交接仪式。新娘出嫁了，留在家中的兄嫂更要孝敬父母，照顾幼小的弟妹。

福建地区的畲族，结婚时用圆木斗盛上大米，边缘再插上一双筷子，筷上再用红头绳牵连成半圆形，并以红纸围好。也有的用红纸剪成连在一起的5个手指贴在筷上，斗内再摆上镜子、尺、剪刀等物，中间还点上茶油瓦灯。新婚夫妇拜完花堂后，新娘子便手捧斗灯，照着新郎一齐入洞房。

镜子、尺、剪等皆为辟邪物，而筷子、大米、斗意谓粮米富足，灯为光明，这些都是民间吉祥物。洞房放筷、放斗、放灯，寓意新婚生活定会富足美满。

浙江畲族山民结婚时，新郎要到女方家中去迎亲，迎亲时兴大唱山歌。俗话说："山歌好唱头难开。"畲族迎亲山歌的开头是由岳丈老大人唱开头。岳父请女婿坐席时，桌上一无所有，这并非有意使新女婿难堪，而是要"调新郎"，也就是要考考新郎的本事。只要机灵的新郎放声唱一段酒歌，酒即送来；唱段菜歌，菜即端上来。而新郎所唱的"筷子歌"最为动听：

> 各种酒菜摆上来，唯独不见两根"柴"，
>
> 口水一直往下流，不知有筷没有筷？

这时厨师会立即接唱：

> 饮酒当然要有筷，筷不成双怎拣菜，
>
> 送上筷子快生子，新郎喜接新娘来！

厨师答唱后，筷子随歌声也就送上桌来。等饭菜吃好，新郎还无法离桌，只有把桌上的餐具一件件再唱回去，新郎和新娘举行交拜礼，然后方可将新娘接走。

在婚前，新女婿第一次进女方门，要挑着糯米作为礼品，送给岳父母酿酒待客。招待未婚女婿，做点心和送点心必须是未婚妻，这样可以让他俩说说知心话。不过点心不能白吃，点心吃完，新女婿要拿红包放在桌上，再用筷子压好，这叫"见面包"。用筷子压，即暗示岳父母大人"快"点让女儿成双作对。

溜筷子，也是浙江畲族婚姻风俗。新娘上轿前，鞭炮齐

鸣，新娘由兄弟抱至堂屋木凳上，举行溜筷仪式。新娘从桌上拿起竹筷，双手向背后交叉，递给身后的兄长或弟弟，兄弟接过再从新娘腋下把筷儿放回原处。如此来回 3 次，同时欢唱《溜筷歌》，以祝愿新婚夫妇生活幸福，传宗接代。

（二）瑶族结亲筷俗

广西巴马和都安两个瑶族自治县，瑶族青年订婚时，流行着从竹筷筒中抽筷子的特有仪式。布努瑶青年男女恋情发展到一定程度，双方家长便选定日期，举行一种叫作"沙商"的对歌订婚礼。男方派出的歌手叫"布桑"，女方派出的歌手叫"海巴"，对歌在女方的大门前举行。一张大八仙桌上放着一个小酒坛和两个酒杯，女方海巴面前放着一个竹筷筒，筒内插着一束筷条（筷子）。当男方布桑领着三五位贺婚人来到时，一场有趣的对唱定亲词、商讨婚事的仪式便正式开始。首先是双方相互鞠躬行礼，随后海巴手捧筷条筒摇动，随着筷子有节奏的跳动声，他们放开嗓子唱起来。每唱完一段就从筷筒中抽出一根竹筷，放在男方代表布桑面前。布桑应声对唱，答词唱完即顺手将海巴递过来的筷条拾起，握在手中。筷子好似筹码，一方问一方答，随着一唱一和，竹筷一递一收，直到海巴筷筒中的筷条全部转到布桑手里，双方便不约而同从桌上端起酒杯，这时周围贺婚宾主也纷纷举杯斟酒互敬对方，一场别开生面的传筷订婚仪式也就在欢乐的祝酒声中宣告圆满结束。

居住在广西巴马瑶族自治县的瑶家青年结婚，女方除送衣物、被褥等作为嫁妆，还要另送一些生活用品，特别是10双筷条决不能少。送筷子有3层含意：一是象征着夫妻两人像10个指头一样亲密团结；二是10双筷和碗碟等9样生活用品凑在一起，又是"十全十美"的好口彩；三是"筷"与"快"谐音，寓意新婚夫妇今后一定会"快快"活活地生活。

山子瑶婚仪，新郎新娘拜堂后，有吃"分饭"的习俗。"分饭"主持人叫灯仙，俗称先生。灯仙随着唢呐伴奏声，走到放着两份菜饭的长桌边，高凳坐定。唢呐曲由欢快转入优雅的旋律，此时新郎新娘羞羞答答地步入灯仙左右的座位坐好。灯仙随即两手各握一双筷子，分别夹起两只小碗中的佳肴，交叉着双手，将筷子送入新郎新娘口中。灯仙先生握筷要有一定的本领，这左右开弓分别以筷夹菜可真不简单，当然新郎新娘也要配合好。如此一次次灯仙以筷分别喂食，直到新郎新娘吃完各自碗中的饭菜，于是在掌声中歌手们唱起祝福歌：

　　　　新做筷子白生生，新买银碗亮晶晶；

　　　　夫妻同吃交心饭，白头偕老不离分。

（三）白族婚礼红筷俗

　　白族人对筷子特别有感情，谈情说爱、劝女出嫁、求婚、结婚，都会唱筷子歌。

　　男女相约表达爱情时，男方会唱："有主你就快开口，无主你就跟我走。讨得金竹做筷子，碗筷相伴到白头。"

　　在上门求亲时，白族人也会唱起筷子歌："你家门前有蓬竹，青枝绿叶好茂盛，讨根金竹做筷子，答应不答应？别处竹子我不要，你家竹子讨一根，讨得竹子做筷子，合作一家人。"

　　白族结亲习俗，女儿离家前要唱"哭嫁歌"和"辞娘调"。女儿唱到伤心处，当然是舍不得家庭和父母，这时母亲也会唱几句筷子歌，劝慰女儿一番：

　　　　单根筷子不成对，筷子两根才成双，

　　　　一双筷子好吃饭，女儿记心上。

　　　　做人不做单根筷，双筷成家女配郎，

　　　　男女结亲筷成双，相依又相帮。

　　说来有趣，白族人结婚特别重视筷子，办喜酒一律用新筷子。主人家先上山砍几根竹子，再请人锯竹削筷。这最后一道工序，必须把一根根筷子染成红色。这染红筷，一来是象征着"红红火火"，增添办喜事的气氛；二来，白族人的"红"与"和"谐声，有讨"和气"、"和睦"之意；第三，几十桌酒席一开，桌桌贺客手中都是红筷子，这又是"满堂红"的好口彩。白族地区办喜事和汉族不同，汉族酒席后新郎新娘会向贺客发喜糖，而白族时兴贺客把吃喜酒时所用的红筷子带回家，借主人的喜气也使自家"满堂红"、和和美美。

　　白族吃喜酒时，主人也会唱"喜筷歌"：

　　　　一张桌子四四方，八碗大菜摆中央，

　　　　八双筷子摆四边，八人坐四方。

　　　　拿起筷子喝喜酒，好菜好酒大家尝；

　　　　新郎新娘敬红筷，恩爱永成双。

（四）侗族、土家族哭嫁筷俗

　　哭嫁是鄂西土家族的婚俗，姑娘出嫁不会唱哭嫁歌，则会被乡亲们耻笑，所以土家姑娘十二三岁开始学哭嫁。哭嫁歌有十唱，"撒筷"是十唱之一。所谓"哭撒筷"，就是在新娘上轿时，婚礼总管会把葵花杆做成的火把抛向新娘，再把红纸包着的筷子撒向花轿四周。新娘一见筷子撒了一地，就放声哭唱起来："一支火把亮堂堂，一把筷子十二双。冤家出门鸟飞散，筷子撒落在地上。哥哥捡到把福享，弟弟捡到压书箱，妹妹捡到配鸾凤，表姐表妹拾到嗒，又是笑来又是唱，一生一世都吉祥。"

另外，在哭"十姊妹"中也有唱筷子内容。这是出嫁前一天，新娘半夜吃夜宵时所哭唱的。当新娘和众姐妹围坐在桌旁，摆碗筷时新娘以"十"字为题开始哭唱：

一张桌子四角方，十个大碗摆中央。

十个姊姊陪我坐，乌木筷子摆十双，

三盘果子四盘菜，筷子成双我配郎。

妹今放下筷子走远方，姐妹分手好心伤。

哭嫁歌的内容极为丰富，但主题离不开少女对婚后生活的惶惑和憧憬。因筷子是民间吉祥物，唱筷子主要寄托新娘对娘家和亲友的依恋和祝福。

湘西土家族婚娶也有撒筷哭嫁习俗。公鸡一叫就要发轿，新娘穿好"露水衣"，由陪嫁女扶出"女儿房"，进入堂房举行辞家仪式。先"踩豆腐箱"、"踩四方斗"等，然后手拿一把竹筷，背对神龛行"甩筷礼"，并哭唱道："前甩六双筷，婆家发得快；后甩筷六双，娘家发得旺。"所谓"发"，即发财发福也。还有一层重要含意，在土家族中，做筷子的竹称"母"，被尊为圣物，甩筷子，即是祈求人丁兴旺，也有祈求庇护之意。

土家族所甩的筷子皆为竹制。笔者 1988 年在湘西凤凰镇采风时，曾见到一位土家族老妈妈将新竹筷染成桃红色。我忙上前请教，原来她的女儿即将出嫁，她忙于竹筷染红，是为女儿甩筷之用。

侗族也有出嫁丢筷的习俗。当鞭炮震天响，唢呐高奏《娘送女》曲牌时，侗家新娘头蒙"露水帕"，由兄弟从堂屋背出门来。这时女皇客忙撑开迎亲伞护着从兄弟背上下来的新娘。男皇客则手持两把新的红筷子，每把都是 8 双，取"八"—"发"的口彩。男皇客等新娘站稳，随即将两束筷子丢进堂屋里，并大声吟道："筷子筷子进了屋，早生贵子早享福，明年抱个外孙崽，身强力壮赛猛虎。"这时丈母娘一边笑着从地上捡起筷子，一边满心欢喜地回答说："多谢贵言！多谢美言！"这时男皇客又将一把红筷子朝大门外丢去，高音念道："筷子筷子，快生贵子；生儿骑马，家中大发；生儿坐轿，福禄全到。"这时，贺客纷纷从地上拾起筷子，郑重地放进特制的袋中，等到新娘三天回门时再交给新娘珍藏，直到新娘生了儿子，过三朝时再拿出来使用。而由母亲拾起的红筷子，则由母亲保管，也等到女儿头生三朝时，将筷子送到女婿家，为小外孙洗三宴客用。

（五）西南五族成亲筷俗

在少数民族婚礼中出现的筷子，要数云南彝族的戴花龙头筷最精美，最别致，最引人注目。花腰彝族在举行婚礼时，新娘和女伴们要为新郎精心烹制一桌佳肴，还要为新郎准备大号的碗和特制的筷子。这种筷先用细钢丝扭成两条小龙模样，并在龙角及龙尾各扎上两朵绚丽鲜艳的丝线小花，固定在筷头上；另用一根丝线把半生不熟的菜各样都穿一点穿成串，埋在碗底，再把新做的戴花龙头筷插在堆满饭的大海碗中，摆在堂屋中的方桌上，等候新郎入席。当新郎和伴郎入席后，陪伴新娘身穿彝族艳丽服装的姑娘全围上来，女方亲友中的男青年会乘机以锅灰涂抹新郎和伴郎的脸，同时要敲破一些碗碟。按花腰彝寨风俗，脸抹得越黑越好，碗打得越多越吉利。但是，新郎的戴花龙头筷是万万不可弄坏的，因为那是款待新郎最美好最珍贵的餐具，同时也是新郎新娘忠贞不渝的爱情象征。

流行于云南德宏等地的阿昌族婚姻筷俗十分有趣。新郎接新娘时要在岳父家住一宿，第二天吃过早饭才能把新娘接走，早餐为新郎准备的是一双特种筷子。这双筷子足有 2 米长，由细荆竹制成，筷梢头还带有一簇簇绿叶，桌上的菜却是豆腐、米粉（粉丝）、油炸花生米和水菜之类。这些菜别说用特长的细竹筷吃了，就是平时惯用的普通筷子夹菜，也得小心为妙。然而新郎必须菜饭进口，否则别想把新娘接走。无奈，新郎只得把这双特制的长筷一头扛在肩上，抖抖颤颤地握着另一头去夹菜。下筷时，不是细粉断，就是油炸花生米滑落，那一碰就碎的豆腐更难吃到嘴。聪明的新郎仅能从汤中捞点菜叶，弯着腰、低着头送入口中。就吃那么一点点菜叶，却会累得满头大汗，吃得气喘吁吁。用特制荆竹筷难难新郎的含意，是要他牢记饭菜不是很容易吃到嘴的，婚后既要勤俭持家，也要对烧菜做饭的妻子尊重，小两口互敬互爱才是。

在湘黔交界的湖南会同县苗寨，婚礼宴请宾客时先由唢呐匠吹入席曲，鸣 3 声喜炮，然后有人手捧木制红漆茶盘，内放一张红纸，上压两双组成 V 形的筷子，请宾客入座。酒宴上新郎新娘敬酒时，陪郎和陪娘各端一茶盘，新郎盘中放两双筷、两盘炒肉、3 个酒杯、一把酒壶，新娘的茶盘内放姜、糖、蜜饯、茶壶茶杯，不放筷子。新郎持筷敬酒要先男后女，一人 3 杯；新娘敬茶则先女后男，每人 3 杯。在整个酒宴中，主人要始终陪着客人，若有要事离开一会儿，必须向客人说明原因，并把一根筷子放在酒杯上，表示暂时告退，等会儿再来敬奉宾客。

傈僳族在举行结婚仪式后，新郎、新娘和贺客同坐一桌，由媒人给新郎新娘各取一个名字，然后致贺词。吃饭时，新郎新娘有交换碗筷的习俗。相传交换了碗筷也就交了心，小两口不分彼此，合二为一，白头到老。

贵州等地仡佬族求婚方式很特别。当父母知道儿子找到满意的姑娘后，就拿出一双新竹筷，用红纸包好，揣在怀里赶至女家，进了门从怀中摸出红纸包，双手捧着恭恭敬敬地将它放在女家堂屋的八仙桌上，一言不发转身就走。女方父母解开红纸包，见是一双筷子，就知是求婚来了。因为筷子皆成双作对，象征男女缔结姻缘。这以后女方家长即要进一步了解男方家庭情况和小伙子人品、体格、技能等等，随后考虑是否答复男方的婚事。这在仡佬族中叫作"送筷求亲"。

(六)东北边疆婚礼筷俗

鄂伦春族男子，到十五六岁可托媒人求婚，若男女已经成年，到认亲的当夜便可同房。同房前必须举行一个小小的仪式，即男女各用一只手同端一只桦树皮碗，再各用另一只手使筷子，同吃"老考太"（肉粥）。这寓意新婚夫妻有福同享，有难同当，夫唱妇随，同甘共苦，永不变心。

达斡尔族与众不同，在婚礼正式举行的头一天，新女婿独自一人乘马来到岳父家迎亲。傍晚，岳母招待新郎吃晚饭，桌上仅有一双筷子，而用饭的却是女儿、女婿两个人。这饭怎么吃呢？按传统习俗，岳母特请一位儿女、父母双全的全福人（近亲妇女），前来督促同席对坐的新郎新娘。因为只有一双筷，新郎新娘只好在"霍都古"（女亲家）的劝说下，你喂我一口，我喂你一口，互相将一碗黏性很强而带有黄油的黄米拉里（筒粥）吃下去。这种共筷吃黄米拉里的习俗，寓意着新婚夫妻婚后感情如同筷子一样成双作对，也如同黏稠粥一样，如漆似胶，形影不离，甜甜蜜蜜，白头偕老。

"罗目托日"是土族语，这是一种流行于青海互助土族自治县的一种婚姻习俗。新娘即将离开娘家时，要到堂屋，面向外坐于正中间一张铺着红白毛毡的小桌上。陪送姐姐把事先备好的牛奶、茯茶、筷子等一一从柜上拿下交给主持人，主持人再将筷子等依次在新娘头上绕一圈。堂屋外迎亲的纳什金则一边舞蹈，一边和新娘及陪送姐姐等同声歌唱，在新娘头上绕什么东西，就唱这方面的内容。如绕筷子，就唱筷子吉祥的唱词，"筷子多来粮满仓，又盖楼来又造房"，祝愿女儿出嫁后，娘家会越来越富裕，越来越兴旺。也有的地方在新娘临出门前，先将其扶到北方堂屋中的方桌上，给她左手递一把新筷子，让她向右臂后扔去，扔时还要说："姐姐拿把红筷子，扔进弟弟的金仓库，粮食多来日子富。"这扔筷子也有讲究，如果落在地上的筷子一层叠一层，即预示娘家从此会兴旺发达，吉祥如意。

　　流行于甘肃东乡族的新郎偷筷子，则别有一番情趣。新郎到女家接亲，离开的时候有到灶间向厨师致谢的风俗，厨师会特别烧一碗烩菜给新郎吃。可新郎大多端起满满的菜碗转敬厨师，借此表示对厨师的谢意。就在此时，一群调皮的姑娘会向新郎和伴郎的脸上涂抹锅灰。新郎和陪伴为躲避，往往四处奔逃。在此混乱之际，新郎要乘机将厨房中的小东西偷一两件。因筷子体积小容易匿藏，故偷筷子最方便，也有偷碗勺的。这个习俗主要象征着将岳母家中高超的烹调手艺偷去，这样新娘出嫁后所做的饭菜更可口，会讨得婆婆和全家人的欢喜。

长白山下朝鲜族婚礼中的筷子，更有一种意想不到的情趣，是绝无仅有的。当洞房花烛夜来临之际，侍女们要为新娘端来"夜桌"，即放着酒壶酒杯的小桌子。新郎斟上一杯酒，放在新娘膝盖上，新娘捧起这杯酒再放在小圆桌上，新郎即端起酒杯一饮而尽。此后，侍女和贺客皆退出洞房，这时已到了新郎要为新娘宽衣解带的关键时刻。按朝鲜族婚俗，新郎不能以手为新娘解外衣，必须用筷子解开她的衣带。朝鲜族女性上衣很短，没有纽扣，只在胸前大襟上钉两根双指宽的长带，然后轻轻一结就行了。一般说来，这种结，用筷子比较容易解开，可是此刻新郎又惊又喜，新娘又羞又爱。在此 2 人心情都比较紧张的情况下，筷子就不听使唤了。此俗寄寓新郎新娘要互助互爱，生活才会美满。

在蒙古族婚礼上，筷子所扮演的角色独特别致，个性鲜明。蒙古族小伙子总爱在腰间佩挂一柄蒙古刀，刀很精美，刀鞘上还专门设计了双孔，可插筷子。新郎挂着这种刀筷，更增添了几分骁勇骑士的风采。当新郎到女家求名问庚叩头后，参加晚宴时，女方家长会试试新郎的腕力和智谋，给他送上一块没有卸开的整羊脖骨，让新郎将其掰开。奇怪的是，身强力壮剽悍的蒙古族小伙子怎会掰不开羊脖骨呢？原来有人在这脖骨内暗插一根竹筷。竹筷虽有韧劲，最后还是被新郎费九牛二虎之力掰开了，引起一阵喝彩。

蒙古大草原的婚礼，最美的要算是筷子舞了。舞蹈不需要专门组织，也不拘什么形式。酒宴后，豪放的蒙古族贺客借着酒兴，握起一束束筷子，走出蒙古包，点燃篝火，大家围着熊熊的火苗，拥着新郎新娘，三五成群，身轻如燕地旋转着。他们以筷击肩敲腿，筷束发出"嚓，嚓"有节奏的悦耳之声。彩色的漆筷在秀丽的姑娘手中上下翻飞，潇洒的小伙子抖动双肩，挥展双臂，组成一幅幅美妙的画面。

如今，由婚礼即兴舞筷子而发展的筷子舞，已从鄂尔多斯大草原走向全国，并多次代表中国在国外表演，深受欧美艺术家和外国朋友的好评。他们认为中国独特的餐具筷子能进入艺术领域，能在国际舞台上翩翩起舞，这是一种美妙的独创，故而多次在世界青年联欢节上获奖。

笔者年轻时也曾跳过筷子舞，在上海电视台摄录《民间藏筷馆》专题片时，也曾录下我持筷起舞的镜头。最令人高兴的是，通过女儿、女婿联系，内蒙古歌舞团赠送我两束筷子舞的筷子。每束6双，是以红漆特制，筷下端钻小孔，然后用紫铜丝穿成圆环，下系红彩绸。这样每束筷子中间空心，捏在手中一握一放，即会发出噼啪声响。舞蹈演员随着舞台的旋律，有节奏地敲击肩、膝，筷声更清脆悦耳、无比动听。这两束筷子，成为我所收藏少数民族婚礼筷俗中最珍贵的纪念品。

六　生老食礼说筷子

也许筷子是中国人发明的缘故，作为炎黄子孙，从生到死，"不可一日无此君"。即使是走完了自己的生活之路，离开这个世界，在时兴土葬时，家人还会把筷子放进棺材，让这两根小玩意儿再一次伴随着死者到坟墓中去享受美食佳肴。

不过，当中国人还活着的时候，筷子确实是终身的好伙伴，它可以使你酸甜苦辣皆尝遍，享尽美味在人间。当然，在吃的过程中，注意自己的形象非常重要，切不可为解馋而忘了礼节。老祖宗立下很多用筷之礼，我们实在不可等闲视之。

中国人出生后不久，就显示了使用筷子的天才。当满周岁的孩子跟着妈妈在餐桌边玩筷子时，不用教，三玩两玩，两三岁就能用筷夹菜。更奇的是，小宝宝还在妈妈肚皮里，他已经和筷子结下不解之缘。这说来也许有人不信，可千百年来形成的祈儿习俗，早在妇女受孕期间，筷子已成为催生的吉祥物。

（一）祈儿育子筷俗多

咸丰二年（1852年）五月，叶赫那拉氏入清宫，赐号兰贵人，咸丰四年（1854年）晋封为懿嫔，次年即怀孕。据清档册载：咸丰六年（1856年）"正月初九未正三刻，钦天监博士张熙，进内右门至储秀宫，看得后殿明间东边北边大吉。"半个月后，总管韩来玉奉圣旨带领营造司首领太监3名，至储秀宫后殿按事先选好的风水宝地刨喜坑，并"随姥姥两名，至喜坑前念喜歌，安放筷子、红绸子、金银八宝"。慈禧怀孕为啥要刨喜坑放筷子呢？140多年前，妇女生孩子是件非常危险的事，妇女产门不开或其他原因，母子一同死去是常有之事。为求顺产，清文宗奕詝下圣旨挖喜坑，先铺红绸，后放筷子等吉祥物，取筷子筷子——"快生太子"的口彩。后来懿嫔（慈禧）生下载淳（即同治皇帝），胎盘脐带等也同筷子一同埋于喜坑内。

　　清代皇宫生育以筷求吉利的风俗传入民间，人们纷纷效仿。江南流传一种催生习俗即与筷子有关。当某女怀孕数月，娘家要给即将临产的女儿送鸡蛋、红糖、生姜、筷子等物。生姜与"生养"、筷子与"快子"谐音，这是祈求孕妇能很快顺利生养的习俗。送的筷子也有讲究，城里人要挑上等红漆筷送，乡村山寨买红漆筷不方便，就将新竹筷染红相送。

　　绍兴的催生是由娘家将给婴儿新做的衣服装箱送至婆家，发箱时要将婴儿新衣从箱中取出，供亲朋邻居参观。衣服大都放在一种竹制的篮中，先用红毡垫好，再放几双新筷子。"筷"为"快生快养"之意，"子"是预祝孕妇生个儿子。

　　江苏有求子送灯的习俗，因方言"灯"与"丁"谐音，送灯意为添丁进口。姑娘出嫁不孕，就在元宵节送灯求子。有趣的是，送灯仪式后为酬谢贺客要请吃汤圆，可是主人只给一根筷子，如想再向主人讨另一根筷子，必须说两句以筷子为由头的吉利话，不然讨不到筷子。于是有人说："筷子一双顶头方，养个儿子状元郎。"这时满屋宾主都会齐声喊"好"，以增添祝贺吉祥气氛。到了民国期间不兴考状元，于是有人改词说："一根筷子细又长，生了宝宝开油坊。"

　　抗日战争时又改新词：

一双筷子新又新，养儿参加新四军。

一双筷子光又亮，养儿杀尽小东洋。

土改时期又改新内容：

这根筷子真是粗，生个男儿斗地主。

现在所说又有新的时代信息：

筷子下圆上头方，生儿养女都一样。

也有人唱得更动听：

独根筷子汤圆挑，计划生育一个好。

这种求生送灯吃汤圆虽是旧习俗，可是通过筷子唱出新内容。

过去山东流行育儿认干亲的习俗。为便于孩子健康成长，婴儿一出世即拜干爹干娘，这样宝宝可消灾驱病。认干亲的规矩，小孩 3 年之内过年不能吃自家的饺子，要吃只能吃义父母送来的饺子。干爹妈送给干儿的饺子要用新碗盛，同时还要送一双新筷子。只有用干爹送的新筷，吃干妈包的饺子，干儿子才能长得虎头虎脑，健康强壮。

侗族也有拜寄婴儿送碗筷的习俗。如谁家宝宝晚间吵闹或常常患病，就要拜寄爹妈。侗家求寄父母，首先在神龛前放碗水，并将写好小儿生辰八字的纸张焚烧后放于水中，然后在碗口平放一双筷，筷上再放一顶婴儿帽。一早开门后，谁第一个进门来，男的就是寄父，女的就是寄母。凑巧有人进门，主人立即迎上去说道："福星高照，贵客临门，小儿有幸，拜寄干亲。欢迎欢迎。"这时寄爹会走到神龛前，一手端碗，一手持筷，将碗中之水倒在堂屋门外，并念道："天地开张，日吉时良，凶神恶煞，速避远藏。小儿拜寄，富贵久长。"拜寄仪式结束，这碗筷由寄爹寄妈带走。3天后，要送一只印着"长命富贵"或"寿"字的碗，另送一双刻着"易养成人"的镂花红筷子给寄崽。这双刻有吉祥语的红筷子极为宝贵，要一直伴随孩子长大成人，直至终身不离，永远珍藏留念。

无独有偶，北京旧时也有认干亲的风俗。婴儿尚未出世，父母已为其找好干爹干妈。等婴儿一降生，干爹干妈就送礼，其中最主要礼品就是在银楼定制的长命锁和银筷子。银筷寄寓新生儿"快快"活活成长之意。

笔者所收藏的银链如意玳瑁筷，乃是清代大户人家赠送新生婴儿的吉祥物。此筷仅4.5厘米长，和一根火柴杆相似，为玳瑁制成，工艺极为精美，花纹透亮晶莹，由两根银链分别相系，链端有一枚盘长银饰。所谓"盘长"，乃是一种传统的吉祥图案，即一条银环盘来盘去盘不到头，寓意源远流长、长命百岁。盘长上面还有一条银链，顶端为如意头，如果将如意头倒过来，形状又变成一只葫芦。这种银链如意盘长小玳瑁筷为吉祥物。清代时女儿怀孕后七八个月，岳母即在银楼定制这种银链小筷送到女婿家，寄寓女儿"筷"快生，筷子筷子，子孙满堂。等小宝宝平安降生后，再把这银链小玳瑁筷挂在摇篮小帐中，既可逗小孩玩耍，又可压惊辟邪，极富有民族特色。

北京六七十年前还有将孩子送到寺庙中出家的风俗。所谓出家并非真削发为僧，而是小孩出生后因经常患病，或因算命先生算出宝宝有灾有难等原因，于是将孩子送到寺庙中，拜一位老和尚为师，并请他为孩子起个僧名，写在黄表纸上，压在佛龛香炉下，就算出了家。家长认为孩子成了佛门弟子，即可逢凶化吉，祛病消灾，佛祖保佑，今后会健康成长。如此等三五年后，家长还要领孩子到庙中还俗。父母领着所谓"小和尚"敬香叩头后，老僧手持一束筷子轻轻击孩儿的头部。筷子打人力量虽轻，声音却很响。老和尚一边念念有词，一边假装发怒将一把筷子掷到孩子身上。孩子为逃避师父的惩罚，忙跑到佛堂门前的一条长凳边，纵身跳过木凳，就算越过庙墙。这样即象征性地把小和尚逐出佛门，孩子也就算和寺庙一刀两断还俗了。

湘西土家族为保佑新生婴儿长命百岁，家中常拜"莎帕尼"（汉语"阿妈婆婆"的意思）。相传阿妈婆婆为婴儿保护神。婴儿三朝时，供奉阿妈婆婆也少不了筷子，新筷子插在放着鸡蛋和米饭的碗中，早晚敬供，直到满月才拔去。土家族相信这样能吉祥如意，婴儿能无病健壮，"快"（筷）成长。

俗话说，不孝有三，无后为大。旧社会结婚 3 年媳妇还不怀孕，便会张罗祈子求神活动。祈子习俗很多，广东求金娘娘，福建拜注生娘娘和三十六婆等，而湖南人认为除夕夜和上元节是求神祈子的黄道吉日。这天，婆婆、姑嫂等人会在事先准备好的摇篮中放上几把竹筷子，相信"筷子筷子"——空摇篮中会很"快"诞生"儿子"。

我国旧时祈子的另一种风俗，是吃下某种食品即可怀孕。安徽芜湖人认为清明节吃南瓜即会受孕产子，祈子者将整个南瓜入锅煮烂端上桌，久婚不孕的夫妻必须双双坐桌前，同时举筷吃瓜。因南瓜形同婴儿，江南等地也有到南瓜地里偷瓜祈子的风俗。"筷"与"快"同音，夫妻双双持筷子吃瓜，就意味着"快""快"有"子"。用筷子将南瓜吃下肚，媳妇肚里就"快""快"怀"子"了。

我国农村还有"送子"信仰，其中麒麟送子与筷子有关。解放前，春节时，常有扬州、苏北乡民到上海举着纸扎麒麟挨户送子讨钱，见妇女吃饭即唱道："小小牙筷七寸长，一头圆来一头方。少奶奶手里捧筷子，年底生个麒麟郎。"有时当麒麟送子来到门前，上海一些想儿却不怀孕的妇女，先付钱然后拔下麒麟灯头上的几根纸须，缠在筷子上藏于枕下，相传即可受孕。

要说麒麟送子是祈子的喜剧，那么"打生"、"拍喜"即是一种悲剧。旧社会温州地区歧视不孕妇女，小姑、阿婆等将婚后不育者送至城隍庙，让她裸露双肩跪在城隍老爷神龛前，七姑八姨等即将随身所带的一束束筷子击打求子者。祈求人忍痛含泪默念道："愿神鉴我诚，赐我石麒麟。"有时婆婆抱孙儿心切，双手各握一束方头竹筷，左右开弓狠狠痛打儿媳，认为只有用力抽打才能将儿媳身上的邪气驱走而受孕。

我国多子多福的旧观念根深蒂固，久不怀孕想求子也是人之常情，可是用筷子打是打不出孩子的。想怀子，只有找医生，找筷子是靠不住的。

（二）各族丧葬筷俗

在汉族丧葬习俗中，最为普遍的是 70 岁以上的老人去世，吊丧时亲友们会"偷"走丧家的碗筷。说偷也许不大入耳，其实这是自古传下来的规矩。解放前，江南一带习俗，参加葬礼的亲友吃过豆腐饭，临走时会不向主人打招呼，有的拿碗，有的藏筷，民间认为这是合理合法的，美其名曰"偷寿"。

广西都安瑶族自治县的壮族地区，80 高龄的老长辈去世悼念时，人们也会带走餐桌上的碗筷，当地习俗称之为"取老寿"。广西另一些地方却称"抢筷"，说抢也不算过分，有时客多物少，先下手为强，这样就出现了你抢我夺的场面。新中国成立后移风易俗，扬州等地的丧家改"偷"、"抢"为赠、送。笔者家住上海，邻居一位 80 多岁的老奶奶病故，家属以青花小碗和上黑下深红的漆筷一双，装入塑料袋，每户送一套。这种改"偷寿"为"送寿"岂不更吉利，同时也可避免"抢筷"的现象。

办丧事招待客人所用的筷子，以前大户人家大多临时定做，材料以桑木为主，一来"丧"与"桑"谐音，二来剥皮桑木颜色洁白，含有戴孝之意。高龄长辈去世，用这种白筷子办丧事，江南俗称"白喜事"。

解放以前的旧社会，东北地区还有一种"开光"的丧葬风俗，也称"净五官"。当死者入殓后，孝子要一手拿着缠有棉花球的新筷子，一手端着清水碗，将盖在死者脸上的白纸揭开，以筷蘸清水在死者眼、鼻、耳等五官之处轻轻擦拭，每揩一处，主殡人便念两句祝词。如："开眼光，亮堂堂!""开耳光，听八方!""开鼻光，闻味香!""开嘴光，吃牛羊!""开手光，掌百箱!""开脚光，走天亮!"开光后即把手中的筷子和水碗扔到屋后，这才盖棺发丧。汉族流行持筷开光，满族也有以筷开光之俗。据《王府生活实录》载：清代王爷从大殿正中移尸入棺，孝子近前用筷子夹着一团棉花，蘸上清水为死者擦洗两眼周围，谓之开光。

供"倒头饭"也离不开筷子。人死后以饭一碗、筷一双，放于尸旁，民间称为"倒头饭"。汉族旧习俗，供了倒头饭，死者在冥间肚饱如阳间，不然即成饿死鬼。倒头饭的供筷不是平放桌上，而是插在碗中央，为不使筷子倒下，碗中之饭堆得比碗口高出寸许。

四川泸县倒头饭称"献饭"，又称"罢亡饭"，摆法不同。因米饭上摆着少许肉菜，筷子只好摆在供桌上，自死者亡故日起，要满百日才撤筷。广西全州供的是一种孝子吃的"抢头饭"，以碗盛饭，饭上竖一鸡蛋，再插一双竹筷，供于灵牌前，又谓"寿饭"。山东地区尸前供的是一碗生米，米上盖一张烙饼，再放一双筷子。所供之饭各地虽不相同，但筷子却少不了，因为上供无筷，让死去的长辈吃手抓饭，岂不成了不孝子孙。

在陪葬品中也少不了筷箸。新疆塔城的达斡尔人，对老人安葬极为重视，除更衣、剃头外，死者生前用过的碗、筷必须用线网包好放入棺内左边，以此表孝心。元代宫廷丧葬，沿袭蒙古族古代遗风，帝、后去世，皆以碗、碟、匙、箸各一，置于棺中，送陵下葬。

我国自古就有以筷陪葬的习俗，现存最早的筷箸，皆为墓葬出土之物。1964 年云南祥云大波那地区发现一具罕见的铜棺墓，从大量的随葬器物中发现了有铜箸一双半。经测定这是 2350 年前的餐具，说明我国早在战国末期已有筷箸入棺的丧俗。湖南马王堆一号墓也有竹漆箸出土。湖北江陵凤凰山 167 号汉墓还发现一个杴箸筲，也就是现在我们所说的竹筷笼，筷笼中还放有 21 根竹箸。云南昭通东汉墓出土一双铜箸。湖北云梦大坟头也有墓葬竹筷发现。另外，我国考古工作者在全国各地的古墓发掘中也常有历朝各个时期的筷箸出现。这可以佐证千百年来我国一直保持着以筷随葬的传统习俗，葬筷直到 1949 年新中国建立后才逐渐淘汰。

在改葬风俗中，也少不了筷子。明清时代，棺木入土多年后，子女发迹常重修祖坟，或者是墓地改为他用，坟墓必须搬迁等等，在改葬时，棺木已腐朽，小的尸骨混在泥土中，拾骨最理想最方便的工具即是筷子，子女和家属多以竹筷虔诚地将祖先遗骨仔细拣入陶罐或新棺木中。这种以筷拾骨的习俗，民间称为"捡骨"。

旧时，以筷上供规格极严，筷子所放的地位皆有规定，马虎不得。如江苏宝应丧俗，死者下葬后，家中供有牌位，一日三餐，上供的饭必须是开锅的第一碗饭，吃剩的饭再上供是对死者的最大不敬。供饭也有规矩，饭盛好后要用手遮在碗上，不能见阳光，然后再恭恭敬敬地放在灵牌前。有的晚辈和仆人不懂上供礼仪，将筷放在供碗左边，立即会遭到家长的训斥，有的晚辈甚至会遭到罚跪请罪。因为按活人的习惯以右手持筷，筷放在左面，死者无筷进餐会挨饿受苦的。这当然是无稽之谈。不过，祭奠是一种对死者怀念和尊敬的表示方式，筷子随便乱放，确实有失礼和心不诚之嫌。一般上供约10分钟，就可以收碗筷。有些小辈不懂事，从供台上端过碗筷，放在餐桌上自己挥筷享用，这样也会遭到家长教训。民间习俗，上供的碗筷先要放回灶间，然后再把筷子等从灶间拿到饭桌上，这是表示活人与死者有别。

有些少数民族的敬供风俗和汉族不同。浙江畲族有"孝子饭"习俗。畲族老长辈亡故后，由孝子孝女各抬一只大饭甑（蒸饭器具），甑内放七八碗饭，抬到灵堂作3个揖，再抬回灶间放在锅上蒸，然后大家一手拈香、一手握竹筷，围着木甑频频敲击，边击边唱《炊孝饭歌》。相传，木甑哪边先冒热气，站在哪边的人就能吉祥如意，如果四面皆冒热气，那大家都会得到祖先的保佑。

毛南族丧俗更特别。父母去世入殓后，儿女要穿草鞋，在屋檐下吃饭，不能进屋，吃饭时只准用木勺，不准用筷子，不然为不孝。

（三）天下巧吃数筷子

筷子，对于中国人来说，仅仅把它当成吃饭的工具，没人去想筷子的功能和巧妙。因为一日三餐人人握着这两根小玩意儿夹来夹去，天天如此，也就习以为常，熟视无睹。相反，一些外国朋友，在吃了几次中餐后，刚刚学会用筷时，握起筷子会兴奋、激动，常常会想到中国的筷子这么简单，却又如此巧妙。

中国菜讲究刀功，一个高明的厨师，光刀在手，对加工的原料，根据烹调的需要，可以直切、横切、侧切、滚切、推切、拉切、锯切等等，切出来的丝、片、段、块、条、丁、末、粒、茸、糜，经过下锅烹调，一盘盘端上桌，无论是炒三丝、溜肚片、爆鸡丁，以筷子吃起细如发丝的"丝"，晶莹透亮的"片"，还是小如黄豆的"丁"，都别有风味。这主要是两种风味：一是菜肴本身的美味，还有就是用筷子夹着丝、片、粒、丸送进口中的趣味。

据饮食文化专家研究，古代食品在下锅前，庖厨已进行条、块、丝、片的处理，这是为了适应筷子夹取的需要。也有学者认为，古代出现块、段、丁、丝的烹饪，为适应这些美味佳肴，从而诞生了筷子。暂不论是先有筷再有切丝切片，还是先有切条切丁然后再出现筷子之说，总之，在灶间对蔬菜和肉类进行分割改刀，再烹调出锅以筷食之，总比那些大块肉食上桌后，用手抓着用刀剔，用嘴啃，或叉着一刀刀割开吃更文雅，更科学，更易于消化。

近来人们工作紧张，生活节奏加快，连吃饭也匆匆忙忙，为此出现了所谓"快餐"。如果在双休日，在家中炒几个菜，不受时间限制地自斟自酌，那才能真正享受到筷子的情趣。

如吃鱼，怪就怪在其他菜肴大多在灶间切小下锅，而鱼却是整条端上桌。无论是清蒸鲈鱼，或是葱熘鲫鱼，吃起来，筷子皆能充分发挥自身的优势。吃鱼最怕刺，吃者可用筷子在鱼碗中剔刺，如果一块鱼肉送进嘴，发现刺，同样可用筷子把鱼刺一根根从嘴中剔出来。用别的任何餐具吃鱼帮不了你的忙，唯有筷子。

中国著名的棋圣聂卫平，爱吃鱼头，用筷子戳戳挑挑，边喝酒边品鱼头，特别是以筷子挑鱼眼吃，就更能享受到筷子的巧趣。如果不给你筷子，给你一套吃西餐的工具让你吃一整条鱼，绝没有筷子方便、轻巧。吃鱼头的时候，你会认为刀叉无用武之地。

近年来，涮羊肉风行全国。一次笔者突发奇想，如果不用筷子，换上其他餐具品尝涮羊肉该是什么滋味？当晚做一次有趣测试。李君持勺，用手将生肉片捏在汤匙上，可一入火锅，羊肉片就漂游而去，捞了好一阵也不见肉片踪影。马君握叉，一叉下去戳了好多片生羊肉，入锅后肉片却无法分开，只能囫囵吞枣，难尝出薄嫩肉片的美味。看来这个涮羊肉的"涮"字，是绝对离不开筷子的。这道佳肴妙就妙在筷上，如果不用筷子夹着薄薄的羊肉片在火锅沸汤中涮来涮去，那这道菜也就失去它特有的风味。

南宋时，最早出现测兔肉，是在沸汤中"摆"熟吃之，名为"拨霞供"。这"拨"与"摆"都非常形象地道出了筷子在"测"肉中的主要作用。可以大胆地说一句，如果没有筷子这种独树一帜的餐具，拨霞供这道美馔也就不可能诞生。因为事实证明用其他餐具无法在火锅中涮肉。

面条是我国城乡最普及的传统面食，既有热汤面，也有凉拌面，既有宽叶面，也有龙须面，既可擀、抻、切、压，又可蒸、煮、炒、拌，真是品种多样，雅俗共赏。我国面条发展也和筷箸紧紧相连。

唐代宋代以前，面条还没有形成长条而是面片状，用汤匙吃确实不顺手，勺小面块大，容易滑落，落在碗中，热汤四溅，不但污染衣衫，手脸也会被烫痛。面条自改块状为细长条后，以双筷挑入口中，得心应手，十分方便。意大利人也吃面条。面条放在盘中，他们用叉吃，叉子戳在面条中，以手旋转叉子，转三五圈后，面条缠在叉齿上，然后小心翼翼送入口里。这种吃法不能吃热汤面，在碗中连汤旋转极为不便，弄不好碗会翻。中国人吃面条没这种麻烦，用筷轻轻一挑，手一抬即进口中。外国人见中国人吃面条如此潇洒，情不自禁为筷子喝彩。

　　早在唐玄宗时，就有皇后为玄宗亲自下长寿面的记载。如果没有筷子，也就不可能有长寿面的习俗。当我们如今以筷子挑起尺把长的长寿面向老寿星祝寿时，切不可忘记筷子之功。

　　筷子不但是餐具，现在已发展成烹调中一种不可缺少的工具。如夏天所吃的凉拌菜，即便是最简单的拌黄瓜丝，经筷子挑点细盐、挑点味精、浇点麻油，用筷子一拌，滋味就来了。再如做鸡蛋汤，也要以筷子把蛋液搅调均匀再入锅；还有油炸食品，也多由筷子翻煎。最妙者，当属山西人爱吃的拨鱼儿，制作时筷子大显神通。面粉加水调匀后放入盘中，左手托盘，右手拿一根竹筷贴在盘边，对准沸滚的汤锅，利用竹筷的弹性，快速剔出约 10 厘米长、两头尖中间粗的面条儿弹入锅中。入锅后的面条，如一尾尾小银鱼在水中浮游，别有情趣，故称拨鱼儿。这道充满西北乡土气息的面食，不知何人发明，但这位先辈能想到以筷弹面入锅，可谓将筷子的功能推向新的妙境。无怪著名的文学家老舍先生，生前品尝拨鱼儿后高兴地挥毫写下了"驼峰熊掌岂堪夸，猫耳拨鱼实且华"的赞美诗句。

　　我国以筷就餐习以为常，可是如果看见有人用 50 厘米特长筷进食，许多人定会引以为怪。其实 1949 年建国以前，秋冬季在北京街头，常常可以目睹以特长筷吃烤肉的镜头。

　　所谓烤肉，是桌上架着一种铁炙子，下面烧松柴，吃客以特长的筷子夹着牛羊肉自酌自烤，作料以酱油为主，外加姜末、葱丝、料酒、蒜瓣、香醋、卤虾油等，佐以牛舌饼、小米粥之类，也有的当下酒菜肴。吃烤肉为啥非用特长筷呢？因为铁炙子热气腾腾，为避烟熏火燎，吃者只好持长筷，单腿脚蹬板凳，边烤边吃。这种吃法虽然有点野，在北京却极为出名。"烤肉宛"、"烤肉季"、"烤肉王"这"烤肉三杰"名闻四海。吃烤肉的长筷，旧用六楞木筷。笔者曾向红学家、民俗学者邓云乡老先生请教，他是老北京，30 年代曾是"烤肉三杰"的座上客。承蒙他相告，"六楞木"乃是一种野生植物，枝条直且长，剥去表皮周围有六条凹痕，故名"六道楞"，也称六楞木，其色洁白且坚硬，用来做长筷吃烤肉非常合适。

　　说起六楞木，顺便说个趣闻。长城脚下河北涞源产六楞木。相传六楞木在宋代称降龙木。当年杨家将大破天门阵，杨宗保向穆桂英借降龙木破阵。1993 年，当我偶然在中国文化报上读到这篇六楞木的文章，即写信向作者周鸿声先生求购降龙木筷。周先生十分热情，他与家乡的涞源县长有交情，后通过县长在穆桂英的家乡穆柯寨（今名木吉村），特以降龙木（六楞木）为我做了两双筷子，我如获至宝，多次向前来我藏筷馆参观的外宾展示这两双降龙六楞木筷。

六楞木木质坚硬，做筷子吃拔丝苹果很理想，有韧性，不易断。无论是吃拔丝苹果或是拔丝香蕉，"拔"起来很有味。这又是筷子巧食一例。可以说，没有筷子，也就不可能有"拔"的菜肴。

（四）餐桌筷礼有忌讳

近年来，报刊和电台不厌其烦地介绍许多吃西餐的礼节，却忽视了吃中餐也有不少礼俗。

礼俗，是一种社会生活，是由风俗习惯演变而来的一种文化现象。繁体的"礼"写作"禮"，左边是神，右边是俎豆祭物。所谓"礼"是对神的一种虔诚的敬仰和畏惧。古代的礼俗有着浓厚的宗教信仰色彩，而当今社会的礼仪，是节制人的行为规范关系的一种文明。

上了年纪的人，大多还记得童年所受的餐桌家教，其中令人难忘的是筷箸礼习。现在回想起来，用筷约有十忌。

一忌迷筷，举筷不定。

二忌翻筷，以筷从碗底挑菜拣食。

三忌刺筷，以筷当叉戳食。

四忌拉筷，持筷撕口中的鱼、肉。

五忌泪筷，夹食带汤，滴滴答答流。

六忌吸筷，将筷放在口中吮卤汁。

七忌剔筷，以筷当牙签挑牙缝。

八忌供筷，将双筷直插碗中央如上供。

九忌敲筷，以筷击碗或敲桌。

十忌指筷，说话持筷点人指人。

当今在食堂或餐厅就餐，以筷击碗习以为常，不少青年并不以为失礼，只觉得好开心。其实这是一种乞讨行为。早先乞丐行乞，一面以筷敲碗，一面"老爷"、"太太"喊不停，以求引起过往行人大发慈悲，施舍零钱和剩饭残羹充饥。故而人们十分忌讳进餐以筷敲碗之声。

现在有些人参加宴席，用筷随便，实在有伤大雅。也许在这些人看来，筷子不过是两根小玩意儿，随便点又何妨，其实不然。一次某公司宴请新加坡华侨客商，中方有位代表说话时持筷对着老华侨指指戳戳。华侨董事长不悦。谁知另一位更不像话，随手将一双筷直插在八宝饭中央，要知道只有上供祭鬼魂才如此，华侨及港台同胞对这种做法非常忌讳。新加坡老板认为此举是触他的霉头，立即沉下脸说："连个筷子也不会揸，还出来谈生意，唔（没）家教！"说着起身离席而去。事后，有关领导撤换了这两个代表，又多次赔礼道歉，生意才算没有吹掉。由此看来，筷子虽小，礼节不轻，掉以轻心是会影响大事的。

香港人有句话："餐头食饭教仔女。"此话是经验之谈，用筷礼仪从小就要教子女，而且应该每顿饭对失礼者予以纠正。就以筷子十忌而言，无论在家宴或社交筵席上，若犯其中一忌，总感到不卫生，不文明。

江南人在宴席上用筷还另有一种礼俗，客人入座后，主人先握筷比画一下，然后说："诸位不必客气，没什么好菜招待，大家请！请！"这时客人方可动筷，在此以前动筷是失礼的。客人餐毕，要以筷向全桌尚在用膳的客人示意说："各位请慢用！"然后将筷放在碗口上，这表示我在奉陪诸君进餐。直到主人落筷，大家才将筷子从碗口上取下，再起立离座。

若先离也可以，但须向主人和同桌者打招呼。

古代使筷礼仪更严，客人不得持筷过"河"夹菜。南宋朱弁曾记载：王安石任参知政事时，有人说他爱吃獐脯。他夫人感到奇怪，因王安石从不挑饭拣菜，怎会突然在宴上不断夹獐脯吃呢？原来，这盘獐脯正好放在他面前，他为遵守筷不过"河"的食礼，没有伸长手臂去夹离他较远的菜肴，而是多夹了几筷子放在面前的獐脯。现在，餐桌已用转盘，不存在过"河"的问题。不过旋转盘时，最好选在无人拣菜的空档，不要人家正夹菜，而你去推转盘，这是十分尴尬的。

在少数民族地区，筷礼有时和汉族不同。汉族请客设宴，主人不动筷，客人先动筷为失礼，而广西芷江侗族山寨请客，主人要等客人动筷后自己方动筷。

延边朝鲜族家中老长辈吃单桌。开饭时，老人面前各自放有小圆桌，上菜后，小辈才放饭桌。他们的家规是等老人拿起筷子开始进餐时，晚辈方可举筷。

我国广西壮族在吃饭时，最忌把筷子掉在地上，他们认为掉筷是不吉利的预兆。汉族小孩吃饭落筷，民间有会遭到雷打的说法。看起来这是一种近乎迷信的禁忌，却有警告儿童吃饭注意力集中，不可边吃边玩而落筷的含意。成年人不慎落筷，要说声："筷落地，吃不及。"民间传说这是讨吉利，其实这是一句歉语，意思是说主人的菜多，客人来不及食之，而忙得筷儿落地了。主人此时必须为落筷客人换筷。落地脏筷拾起再用，这是极为失礼的。

古代的皇宫宴饮，礼仪不同于民间，等级森严，礼节繁缛，清宫廷宴更为突出。乾隆年间一次鹿鸣宴，主考以下各官员及贡生等赴宴，皇帝赐茶，众人要跪地叩头，御前赐酒，又要三拜九叩谢恩。筷子还没拿到手，就叩头10多次，这哪里是请客吃饭，简直是活受罪。

又如乾隆六十一年举行的千叟宴，分为两等。一等桌设于殿内和廊下两旁，有资格入座者，乃王公和一、二品大臣，还有外国使臣。火锅为银制，进膳用的是四楞乌木箸。次等桌设在丹墀甬路和丹墀下，入席者皆三品至九品官员。火锅为铜制，虽然用的也是乌木筷，但为圆柱形，也比一等桌短了一截。

春节时皇宫中要在殿内宝座前设皇帝御宴桌，桌上的碗筷杯碟所放的位置皆有规定，决不能放错，违反礼仪而乱放者，定欺君之罪。如乾隆二年（1737年）除夕大宴，宝座龙头至宴桌边8寸，两边放花瓶，中放果盘4只；次中放点心5品，并放金匙、象牙筷和纸花筷套。又如乾隆四十一年（1776

年）除夕，乾隆的大宴桌上左面摆着金匙、叉子，右面摆羹匙、金箸，正面摆筷套、手布和纸花。

在封建社会里，君臣百姓等级制度十分森严。这种所谓礼仪、禁忌，谁也不敢超越，否则轻者入狱、充军，重者人头落地。清代，康熙、乾隆、咸丰等皇上，用的是金箸、银箸、玉箸、紫檀镶玛瑙筷，慈禧用的是翡翠镶金筷、象牙镶金筷等。可以说，皇帝即使在小小的餐具筷子上，也要显示权势和荣耀。即使是世袭衍圣公的孔府，虽"列文臣之首"，仅能用银箸、象牙筷，金筷不是买不起，而是不敢犯忌。金质餐具为皇家所独占，谁也不敢和真龙天子比显赫。

民间对筷子的禁忌也有自己的一套，以渔民和放排人最为严格。无论是在渔船上或是在木排上吃饭，千万不能把筷子横放在碗口上，否则不是遭训就是被赶下船。东北三江渔民把筷比作船，碗为礁石，他们认为筷子横放碗口预示着船会触礁。如果不懂规矩，把筷子误搁在碗口上，立即当着船家的面，握起筷子在碗口上绕 3 圈，然后把筷向前一抛，这就算破了禁忌，船便不会再触礁搁浅了。

现在看来，这些忌讳十分荒唐可笑，但它是旧社会渔民下河出海悲惨生活的真实写照，同时也反映了渔民祈求无灾无难，对平安生活的一种向往。

七　五花八门筷子妙

（一）筷箸艺术美

中国的筷箸，除了具有餐具自身独特的功能外，还有另一种功能。在历史的长河中，历代的工匠用智慧和创造性的劳动使筷箸不断发展，让这原来仅有实用性的小玩意儿产生一种工艺美的魅力，从而赋予它新的生命。

爱美是人的天性。早在原始社会，我们的祖先就知道用红、黑、白 3 色在陶器上绘饰花纹，现在称之为彩陶，已有约5000 年的历史。筷箸最早的出现仅是一段树枝、一杆细竹而已，到了殷商末期，殷纣王首先使用象箸。象牙经过劈、锯、切、磨几十道工序制成的纤细的牙箸，这可以说是我国最早有文字记载的筷子工艺品。象牙筷那洁白或乳黄色调，和那若隐若现的牙纹，本已产生一种高雅的美感，为了发挥象牙的特性，再在牙箸上进行细刻或微雕，使筷子更为精美。笔者收藏的一双清代象牙筷，四楞筷上端刻有"春日江水好观潮，双双台畔共吟诗"，下面并刻有远山、孤帆、茅舍、树丛，其间对坐两位古人，一老一少，神情闲适自若，衣衫飘逸细腻，两筷相拼，一幅山水吟诗图栩栩如生。在细细的牙箸上走刀落笔，绝非一日之功，匠师若无独到精妙的刀法，惟妙惟肖的人物和野景是难以在筷上表现的。

工艺筷不但有单面刻，还有双面刻、四面刻。我收藏的民国初年上海嘉定竹刻筷，长 23.5 厘米，上方下圆，两面刻有联、画。竹皮一面，一筷刻上联"金玉之心，芝兰之气"，另一筷刻下联"仁义为友，道德为师"。书体为行草，以双线细刻，字体潇洒飘逸，秀润健劲，毫无铁笔之痕，完全给人以随意挥洒、轻快自如之感。落款"顺喜乙亥年元旦刻"。乙亥为 1935 年。嘉定竹刻名闻中外，明末至清乾隆年间为兴盛期，20 世纪上半叶已由高峰趋于停滞。嘉定竹刻原以臂搁、笔筒、佛像、扇骨等为传统工艺。在"万般皆下品，唯有读书高"年代，竹刻艺人皆刻文房之器，筷子乃夹食餐具，高雅艺术刻于筷上岂不斯文扫地。但由于时代的变化，竹刻艺人同时也为生活所迫，随由清高自赏转入市民大众，使筷子在辛亥革命后也能得到嘉定竹刻名家偶尔赏光刻上三五双，因此嘉定竹刻筷极为稀少珍贵。

笔者所收藏的为夫妻对筷，共两双，为某夫妇新婚时特请著名嘉定竹刻艺人顺喜所刻的结婚纪念品。因工艺价值较高，新郎舍不得用以进餐，新娘更是情有独钟，蜜月中躲在新房里一针一线绣了两只筷套，保护这象征成双作对、永不分离的竹刻筷。

另一双的对联为"好鸟枝头亦朋友，落花水面皆文章"。反面，即竹内壁，一双刻的是"唐明皇游月图"。画面极为细腻，上端刻有嫦娥手抱玉兔，形神自若，童子持长柄羽扇侍之一旁；筷中部一道人手持拂尘引唐明皇足踏浮云登上月宫。唐明皇此时面部似笑非笑，双手呈拱拜之态，恰如其分地显出他初登仙境既紧张又兴奋的神情。顺喜所刻的另一双"诸葛亮借东风"戏文，同样细致入微，纤巧玲珑。刻家善于走刀，在两筷相拼仅有 1.5 厘米宽的小小天地间，众多人物与背景得以神形毕具地表现，显示了嘉定竹刻艺人的非凡之功。

四面刻，可算是物尽其用了。既然是四楞方筷，为何只刻一面而不四面皆刻呢？笔者收藏的一双明末镶银竹筷，在镶有银帽的下端都刻有一首七绝诗：其中一首诗云："圆箸超超尺有长，空为他人来去忙；堪怜嗜好君无与，酸咸苦淡备先尝。"这首赞筷诗，正好一面刻一行，楷书字体，端端正正。一般竹筷难登大雅之堂，可是经名家以刀代笔挥洒一番，竹筷顿时身价百倍，成为一件镶银竹刻精品，显得古朴俊逸。即使山珍海味、鲜美佳肴，却不忍下箸，免得污染了这具有珍藏玩赏价值的竹刻筷。

我还见到一双四面雕刻筷，非常富有情趣，这洁白如玉的象牙筷上每面刻有组画，初看不过是瓜果、花草之类，但仔细品味，方觉弦外有音，意味深长。那刻着松柏、柿子、橘子的画面下端刻有"百事大吉"4字，柏与百、柿与事、橘与吉谐音；刻着葱和红菱、荔枝下面的4字是"聪（葱）明伶（菱）俐（荔）"；刻着莲藕、桂圆、核桃、荔枝的含意为"连（莲）中三元（圆）"；那顽童抱着大鲤鱼的画面，寓意"同（童）庆有余（鱼）"。这种牙箸，不但富有艺术性，还充满着民俗风味。

景泰蓝筷不同于象牙、竹刻筷，原为明清紫禁城皇宫用品，制作另有一套工艺：首先在铜制的胎型上用细铜丝掐成各种美丽的花纹，然后把珐琅质的色釉充填在花纹内，再进行烧制。筷子极细，这就增加掐丝镶嵌难度，一双景泰蓝筷上少说要掐24朵牡丹花。好花还须绿叶配。这每一朵小花和叶都要用头发丝粗细的铜丝镶边。这种俗称"开光子"的技艺要求极严，如果嵌得过高，使人感到凸出感，若是嵌低了，又会使人有跌落感，这就要工匠妙手天成，恰到好处来表现掐丝的工艺美。如筷上的牡丹，每朵都要有艳丽感，所以景泰蓝筷具有色彩浑厚、典雅华贵的风格，并有鲜明的中国文化艺术特征，因此欧美客人特别喜爱这种传统工艺筷。

不过景泰蓝筷并非从头至尾全部由铜胎掐丝制成，根据卫生要求，与菜肴接触部分，皆以兽骨或象牙为材料，磨细溜光后，再和景泰蓝筷杆镶嵌。以景泰蓝为上部和兽骨或象牙为下部组成的筷箸，既有实用性，又有传统工艺价值，外观上除了给人以金碧辉煌之感外，占主导地位的仍是华夏民族文化特色。

说到镶嵌，这种工艺在筷子方面运用颇多。除上述景泰蓝镶象牙筷外，还有景泰蓝镶玉筷、乌木镶银筷、象牙镶银筷、棕竹镶牙帽筷、红木嵌银丝筷、翡翠镶金筷等。至于紫檀银丝镶玉金箸，那是宫廷御筷，工艺要求极高，匠师是提着自己的人头在操作，一刻一镂、一錾一焊无不紧系着自己的生命，所以说这种筷箸可称绝品。

　　说来也怪，我国有些身怀绝技的艺术大师，宁愿在民间受贫困煎熬，而不愿登豪门官府献技。据文学家王士禛著文介绍，清代云南武定县武恬是一位筷箸烙画家，他能在竹筷上烙画山水、人物、台阁、鸟兽、花木等，构思精妙，技艺超群。他可将唐代名画家阎立本的《凌烟阁功臣二十四人图》《十八学士写真图》，以烧红的铁笔，仿照烙于筷上，其人物的须眉、意态、衣褶及佩剑等，虽细如发丝，却表现得栩栩如生。就是这位被人称为"奇技"的筷箸艺术家，却常于街市行乞，夜栖荒郊野寺，贪酒纵歌，癫狂不羁。百姓乡亲投其所好，常邀武恬狂饮，并以新竹筷置于酒壶边，等他酒酣初醉时，即于竹筷上烙画山水人物、花鸟禽兽，顷刻而就。当他遇到慕名前来求筷的官府豪富，却逃匿山林。所以留下"武疯子"的美名。正因如此，他所烙画之筷，每双价值黄金数两。

　　现在武恬的烙筷技艺，已传至河南冬青木筷。工艺师原来用铁笔在灯上烧红烙画于筷上，这样工匠难以掌握温度，目前已改用电笔操作。新工艺在 10 双筷上烙画的"卧龙岗诸葛亮草庐全图",并不亚于武疯子的杰作。如果将 10 双筷平铺展开,则可见丘壑深谷、庐台幽景、古杨参天,俨然一幅有神韵的山水图;若是将一双双筷儿分开,又成了"三顾草堂"、"古柏亭"、"诸葛亮躬耕"等单幅图景。这种分合皆出诗情画意的冬青木筷烙画工艺,真可谓构思独特,巧夺天工。

真正巧夺天工的筷子,是一双龙凤筷。筷属 30 年代上海滩某大亨宠妾珍藏。她特聘名师重金精制。这位姨太太某日应邀赴宴,女主人自己用的是金筷,放在她面前的却是银筷,这位姨太太认为女主人有意羞辱她,所以设宴回报。等宴会开始后,姨太太示意仆人熄灯。在微弱的烛光中,只见这位姨太太使用的筷子,如龙似凤,上下翻飞若腾云驾雾,细珠闪烁,晶莹耀眼。最为光亮夺目者,为龙凤筷顶端的龙目凤眼,这是以金刚钻镶嵌,故而暗中光芒四射。龙鳞乃片片金箔,凤羽为粒粒珍珠以金丝穿串而成。这双独一无二名筷子,在这次宴会中轰动一时。不久抗日战争爆发,这双价值连城几乎超过慈禧镶金翡翠箸的豪华龙凤筷,在"八一三"战火中下落不明。但姨太太之间的争强斗富,也算给箸文化留下一段趣闻。

最后顺便提一下,明代云间(上海松江)的白铜箸极为出名。一位大名为胡文明者，乃明万历年间著名的铜制品工艺大师。他除了铸造鎏金铜鼎、炉、壶外，精工铸造的雕花白铜箸，曾获得当时的艺术鉴赏家屠龙的好评。不过那时的铜筷，并非餐具，大多为火锅、煎茶、烤火、剪烛花所用，称之为铜火箸。

当年不登大雅之堂的铜火箸，如今已成为收藏品。我收藏的白铜、黄铜、紫铜铜箸 10 余双，多为明、清时代的古董，同样具有工艺价值。

（二）筷俗趣闻多

筷子，自古即是人们的饮食器具，可谓"不可一日无此君"，因此，千百年来形成了许多筷子习俗，甚为有趣。

谁都知道，我国不管男女老少，吃饭离不开筷子，可陕北等地造房同样离不开筷子。陕北修造新窑，为求子孙后代兴盛发达，按照传统习俗，在"合龙口"时要举行仪式。正午 12 点钟，造窑洞的人在合龙口（类似江南造房上梁）旁悬挂一管毛笔、一锭墨、一本皇历、一个装有小米麦子的五谷布袋和一双红筷子。这一切都有名堂：挂笔墨乃祈求文曲星高照，子孙官运亨通；挂历书可驱邪辟祟；挂谷米和红筷子预兆五谷丰登，丰衣足食。

　　无独有偶，在侗族山寨，你抬头细看，总会发现堂屋主梁上有个红布包，包里有双彩色丝线缠着的红筷子，此称"筷子压梁"。举行筷子压梁仪式时十分热闹，在鞭声中，掌墨师将一块红布包上 7 粒五色米、8 片茶叶、1 块银圆等，钉在主梁上，然后用木凿在红布包上凿 4 个孔，再把两根筷子的两头插布孔中。等最后以五色丝线将筷子缠好，掌墨师就会提高嗓门唱压梁歌："筷子压宝梁，宝梁稳当当。吃穿不用愁，主家万世昌！"这时前来贺喜祝吉的亲友邻居都会高声祝应："是哩！"相传筷子压梁，人丁兴旺。

　　筷子不但压梁，还用于治病。清代康熙年间，农历八月初一为天医节，山东鲁北和胶东地区的农村老大娘，黎明即采草叶尖的露水，中午时分用上等好墨研磨成汁，然后以筷子沾墨点儿童的心窝及腹部，谓之"点百病"，可防肚痛。

　　在医学尚不发达的清末民初年间，农村山寨除以筷点肚皮防病外，儿童喉咙疼也以筷沾盐点"小舌头"。所谓"小舌头"，也就是现在的扁桃腺发炎。当年农村无医院，用筷子土法治病，还真救活不少小生命。

　　山东宴客有"鸡头不动筷不动"的遗风，也很有趣。沂蒙山区招待远方贵客，总要上一碗红焖鸡。其他地方鸡头多是放在碗底，可沂水县鸡头却盛在碗上面，并对着客人。"万物头为贵。"向客人敬鸡头，是对主客的尊敬。而当地习俗，客人如若不把鸡头夹进自己碗中，其他陪客是不准动筷子的。所以，此时陪客纷纷劝主客吃鸡头，主客也就顺水推舟夹起鸡头，陪客才一双双筷子伸向美味佳肴。

长白山区也有一种不准动筷的习俗。绵绵长白山，猎户们敬山神的规矩很严。他们认为如若冒犯了山神，将打不到猎物，而猎人也会蒙难遭灾。所以，初春猎到第一个野兽，割下心肝和好肉，煮熟了必须先敬山神，然后猎人方可动筷子自己尝鲜。

现在有些地方的酒宴一开始，个别客人筷子握到手，一不夹菜二不拨饭，而先以筷在汤中蘸一下，然后才正式就餐。这种举筷先蘸汤的习俗何时兴起呢？原来此俗于宋代由域外传入我国。这是我国西北边疆地区一种增温措施。因漠北一代气候寒冷，冷得筷子伸向嘴唇会把嘴唇皮沾掉一块，为防止寒冷筷子伤唇，故筷子在热汤中蘸一下，冷筷增温后不会再伤唇。数百年来，此俗已由北方传到江南和其他各地。苏杭等城市至今还保持这种习俗。江南气候温和，即使冬季也不会发生"沾唇如烙，皮脱血流"的事。可是积习难改，有些老年人现在依然举筷先蘸汤，这也可以说是一种筷俗趣谈。

有人说"中国人个个都是用筷能手"，其实不然，有的中国人不但不会用筷，而且根本就不用筷子。生活在云南西双版纳地区的布朗族，人口约6万人，他们一日两餐，吃饭不用筷子，吃兽肉和米饭时皆用手抓。生活在新疆的柯尔克孜族，人口约11万，喜吃牛羊肉、马肉、骆驼肉等，吃饭时席地而坐，餐具有木碗、木勺，不用筷子，用手抓食。俄罗斯族人以面包、馕和馅饼为主食，盛菜汤多用盘子，以刀、叉、勺为餐具，也不用筷子。

在以上3个民族的家中，很难找到一双筷子，尽管他们都是中国人。可是在古代一户人家中，竟藏有2.7万多双筷子，真可谓是一大奇迹。这户人家的主人乃大名鼎鼎的明代奸相严嵩。这位官拜太子太师的宠臣，侵吞军饷，残害忠良，无恶不作，晚年被革职入狱。在籍没家产时，计抄出金筷2双、金镶象牙筷1 110双、玳瑁筷10双、象牙筷2 691双、斑竹（湘妃竹）筷5 931双、银镶象牙筷1 009双、乌木筷6 896双、漆筷9 510双，总计家藏各式名贵筷子27 159双之多。严嵩真可谓我国3000年来藏筷最多的"收藏家"。不过，他藏筷并非为鉴赏，只是一个贪官吃喝玩乐、荒淫奢侈的生活写照而已。

和严嵩用金筷银筷相比，和尚用筷最俭朴，一辈子都用毛竹筷进餐。僧人吃饭称斋饭，与我们凡夫俗子不同，用筷也有规矩。为表示对佛祖的虔诚，一是吃素斋，二是吃饭不能说话，三是碗筷不准发出响声。当众僧尼闻钟声后依次步入斋堂，先诵念供饭经，然后入座。长条桌上，每个僧人面前放着一碗豆腐、青菜、粉条之类的素菜和一碗米饭。筷子的放法不同于民间的直放，而是横放的。持筷时，不能随手抓起，而是以左手食指轻轻掀筷头，等筷身翘起，右手从下面握起筷子。一碗饭吃完，值班僧人见了会过来添饭，因为饭堂禁止说话，这时筷子又起作用，添饭多少全靠竹筷表示，寺僧持筷在碗口一比画，值班僧便知道多少，即以铁勺从小饭桶中掏饭添之。添粥添饭添汤等，都像海军打旗语，全以筷子动作为语。

寺庙的饭堂数十僧人吃饭听不见一点声音，可湘黔雪峰瑶族一顿饭可以闹翻天。他们定情允婚时，宴请求婚初次登门的新女婿，有好多双筷子强制性撬塞男方客人嘴巴的习俗。当岳父母设宴招待送定情礼物上门的未婚女婿时，女方的亲友即手持竹筷蜂拥而上，纷纷夹着一块块腊肉、辣椒等，送进新女婿和陪同上门的后生嘴里。实在吃不下而不愿张口，往往会被用竹筷撬开牙齿，强往口中塞菜。这种奇特的以筷撬嘴的习俗称"喜筷劝菜"，是瑶族好客古风的遗传，既朴实又纯真。

说到"纯真"，有些外国人来到中国，受好奇心的驱使，学用筷子态度也很纯真。1933年，爱尔兰著名作家萧伯纳访问上海，宋庆龄在家中举行欢迎午餐会，出席作陪的有鲁迅、杨杏佛、蔡元培等。萧伯纳谢绝主人劝他使用刀叉的美意，执意要用筷子进餐。可他为了夹一个肉丸子，额头上冒出汗也没成将丸子夹起来。多次努力后，他总算抖抖颤颤将肉丸夹起，可没等送进口中，又滚落在菜盘中。萧伯纳自我解嘲地说："这肉圆是兔子肉做的吧，不然它怎么像兔子逃得一样快？"萧伯纳不愧为幽默大师，他的话说得宋庆龄等人放声大笑。萧伯纳乘机又将肉丸夹起，说道："如果我不学会使用筷子，英国人又怎会相信我到中国来过！"

参加招待萧伯纳的宴会，既荣幸又富有情趣，可是谁要是应邀参加袁世凯举行的宴会，握起餐桌上的筷子就感到恶心。

中国早期著名的外交家顾维钧，1913 年参加袁世凯的晚宴，使筷曾闹出过笑话。在袁世凯为招待蒙藏王公的宫廷式酒宴上，除袁一人一桌外，其他 10 桌皆 6 人一桌。入席后顾维钧饥肠辘辘，他看到桌上有盆油光光的烤鸭，即伸筷去夹，可夹来夹去就是夹不动。顾还以为筷子出了问题，忙低头细瞧，这是双洁白如玉的新象牙筷，怎么会连块鸭子也夹不起来呢？原来这是一盘油漆的木头鸭子，这是操办酒宴者惯用的弄虚作假贪污钱财的手法。老于世故的官场人物是不会下筷子的，可顾维钧刚从美国归来，哪知其中奥妙，闹笑话就难免了。木鸭仅仅是宴会一个小插曲，如果谁能和袁大总统同桌吃饭，便会受到他的特别宠幸。袁总统喜爱给客人夹菜，即使是筷子上口水欲滴，客人也不敢不吃，因此有"袁府盛宴佳肴美，总统筷上口水鲜"顺口溜流行。

（三）筷子腰间挂

这里所说的"筷子腰间挂"，腰间挂的是一种"刀筷"，是蒙古族特有的餐具。所谓刀筷，是笔者杜撰之名，因为最初见了叫不出真正的名称，也就自作主张称之为"刀筷"。

我首次见到这种"刀筷"，大约在 1991 年后。有一次偶然在旧货市场上看见一位中年人腰间挂着一把锈刀，黑黝黝的皮鞘上插着一双乳黄色的骨筷。当时我孤陋寡闻，从没有见过挂在腰间的筷子，好奇心驱使我盯着此人，暗暗观察这种刀筷。半条街走下来，我按不住激动的心情，冒昧地问挂刀者，多少钱购进这种刀筷？他回答70元。我更冲动了："加您10元，80元转让给我好吗？"这位先生忙把刀筷从腰间取下说："我是挂着玩的，不让不让。"虽然人家已拒绝我，我并不死心。我这人爱筷如痴，为了能得到这集藏新品种，我竟如同乞丐似的跟在他身后在市场中兜圈子。这时此人又看中地摊上的一只清代青花小瓷瓶，讨价还价双方没有成交。我见机会来了，忙对持刀筷者说："先生，我买下你喜欢的这只青花瓶送给您，另外再付你80元钱，换您这把刀筷好吗？"

旧货市场上的人，都有这种心理，你越出高价求他的货，他越觉得奇货可居。70元一把的刀筷，价钱翻一倍加到140元他还不让，我也只好放弃收购的念头。

苦求刀筷没求着，为弥补这种失落感，我四处查阅有关资料，经过一年多的努力，终于在红学家邓云乡先生所著《红楼风俗谭》一书中，读到有关这种刀筷的记述：

　　而湘云她们割鹿肉用的什么刀呢？一般说，用的是

"解手刀"，这是清代满洲人、蒙古人，甚至汉人走长路时，随身带的一种刀。考究的：一个镶银包头，银饰件的绿鲨鱼皮鞘子，鞘子分两格，一格中插一双象牙筷子，一格中插一把柄饰很考究的刀，有六七分宽、六七寸长，十分锋利。男人们常常随身挂，就是用来在进餐时裔割生熟肉……这种刀总和筷子装在一起，可说是当时的餐具。

如果从《红楼梦》来看当时的社会风尚，可以看出清代统治者入关后，将东北的满蒙物产和风习带到了北京、南京等地。这种解手刀在清代的确是时髦之物。

1990 年春，我在上海中国民间艺术博览会上见到一蒙古包，包内除以蒙古族家庭生活方式布置外，还坐着几位来自内蒙古大草原的讲解员。我在卖品部买了一把呼和浩特民族用品厂生产的蒙古刀筷，即跨进蒙古包向他们请教。穿着蒙古族服装的讲解员说："蒙古族男性大多腰间挂有这种刀筷，小伙子更是刀不离身，他们骑马探亲访友，遇到宴请时，即用自己腰间的刀筷进餐。"

蒙古族不但平时喜吃大块牛羊肉，喜庆节日还有吃整羊的习俗。在宴会上用整羊招待客人时，一般要唱着赞歌敬酒三巡。汉族请客，主人先握起筷子说："请用筷，别客气。"客人这才下箸。蒙古族唱敬酒歌时，却说"请用刀"。

> 是巴拉布工匠造的刀，是蒙古族巧匠加工的刀，
>
> 是镌刻轮回图案的刀，是精描大虾纹的刀，
>
> 是银箍檀木把的刀，是金雕沉木鞘的刀，
>
> 是永不卷刃的刀，是吉祥如意的刀。
>
> 从头部开始下刀，缓缓卸下四脚，
>
> 从右侧转圈细切，遵循祖上的规道……

他们唱着祝词，大家拿刀割肉、剔骨，喝酒畅饮。蒙古族宴请宾客，以刀为主，但也少不了筷子。

我收藏的蒙古刀筷有 10 多把，式样不同，各有千秋。清康熙年间的一把刀是鲨鱼皮鞘，紫檀木镶象牙刀柄，配有象牙筷，四楞方牙箸上刻有"旨嘉楼"字样。巧妙的是鞘上正中有一小小的牙雕桃饰。移动桃饰可从鞘中抽出暗藏的象牙牙签，真是独具匠心，别有情趣。另一把属清代中期古董，铜鞘上是孔方钱形图案，闪闪发光，配有兽骨筷。我还有一把铁鞘刀筷，别以为铁鞘不登大雅之堂，它另有一种风格，显得粗犷豪放。牛角刀柄上镶有黄铜白铜 6 道及金钱纹饰，再配上象牙筷，确有古朴雄浑之感。在 10 多把刀筷中，一柄玳

瑂象牙镶嵌刀鞘的藏品最令人珍爱，不但是玳瑁象牙鞘十分稀少名贵，而且玳瑁一边镶有象牙雕嵌4骏马，而象牙镶包鞘一面嵌有玳瑁雕骏马4匹，故此称"玳瑁象牙八骏马鞘刀筷"。此物为清代初年满蒙王爷腰间之宝，刀鞘上插有上粗下细圆柱形象牙筷，更显得玲珑可爱。妙的是鞘上还配有一扁平铜牙签，有筷子长，金光闪亮，这就更富于玩赏性。我还搜集到一柄清代珊瑚双鱼银饰刀筷。此刀筷的特点是除了刀与筷，还有完整的两节腰钩，钩上铸有双鱼和两粒珊瑚。清代一些满蒙王公大臣，腰间挂着这种刀筷出入宫门，蔚为奇观。

（四）筷子在国外

据报载，海外华人80年代初在欧美等国的约2700万左右。以1/3用筷计，每天每餐就有900万双筷子在世界各地餐桌上出现。其实国外用筷者远远超过此数。

华人在海外谋生的手段，以经营中国餐馆为多数，有消息说，仅美国就有大大小小的中餐馆3万家以上。一些欧美权威人士当笑话讲："凡有人的地方就有华人，凡有华人的地方必有中国餐馆，凡有中餐馆，必有令人感兴趣的筷子。"此话虽然有点夸张，但并不离谱，中餐馆除了能品尝色、香、味俱全的中国佳肴，以筷进餐确有独树一帜的吸引力。

澳大利亚约有中餐馆 5000 家，其中墨尔本唐人街的兰苑酒家，堪培拉的上海酒楼等，特别会招徕顾客。店主为了让不会用筷的洋客人爱上筷子，特在精美的筷袋上印着用筷图解和文字说明，以此来推广用筷技巧。有时穿着中式传统旗袍的华裔招待小姐还现场示范指导用筷，这给品尝中餐的洋客人增添了东方情趣。现在欧美人士都以能熟练用筷进餐为时髦。

说到海外中餐馆，不能不说说美国休斯敦市一家华人餐馆有关筷子的趣闻。事情得从休斯敦石油公司大量裁员说起。一位在该公司工作 20 多年的华裔工程师被裁后无事可干，即和几位华人合伙开了一家中餐馆。开张之日，休斯敦石油公司老板也慕名光临。当他拿起筷子，只见筷上刻了许多中国字，洋老板不认识，就询问招待小姐。小姐说：筷上刻的是一副中国对联：上联"老美不给我们吃饭"；下联"我们要给老美饭吃"。美国老板听后哈哈大笑，立即出高价买下这双汉字对联筷，说是要永远珍藏，留作纪念。

美国前总统尼克松自访华后，即迷上中餐。在他的尼兆斯别墅附近正好有家上海籍华人开的中餐馆，尼克松常邀请妻子和女儿到这家"新中国园"吃中餐。他访问中国前夕曾专门练过筷子功，所以在新中国园吃中餐能娴熟地使用筷子，并引为自豪。尼克松还请这个餐馆的老板推荐一名中国厨师，从此他的别墅中出现了很多中国碗筷。可以说，尼克松对筷子情有独钟。

近年来，中国菜肴风行美国。为迎合顾客的需要，打着川、京、苏、粤四大名菜馆招牌的酒楼纷纷在美国各地开张。因此，竹筷在美销量骤增，每年进口竹筷8000万双以上，99％是从中国进口的。

小小的竹筷，在国内10双也只有几元钱，可在德国却身价百倍。海德堡风景区人口仅10多万，中餐馆却有5家。金龙饭店的老板是德国人，老板娘却是标准中国女性。他们见来自欧美的旅游者既爱吃中餐，又对筷子发生好感，于是投其所好，餐后出售旅游纪念筷，每双3马克。所谓纪念筷，并非精雕细刻的工艺筷，说穿了就是普通竹筷。这种筷多由老板娘从我国购进，带（或邮寄）到德国，一双竹筷可卖到百十元的价钱，真是一本万利。

有位到德国的自费留学生小彭，买不起高贵的礼品，出国时带了30盒天竺筷分赠德国朋友。房东太太是第一次见到这印有西湖十景图案的天竺筷，立即啧啧称奇，惊讶地问道："粗粗的竹子削成光滑的细筷，这要花费多少人工呀？"其实天竺筷是选用箬竹细枝制作。这说明物以稀为贵，中国筷子给人一种神秘感，这才使德国太太发出惊赞。也许中国人不会想到，我们的筷子在国外竟会引起美国珠宝商莫大的兴趣。这些洋老板别出心裁，他们在纽约街头竖起5米高的大广告牌，上端一角画着一双女性的手，握着一双巨大的筷子，远看筷上好似挑着长长的面条，可细看，缠在筷上的却是成串的珍珠宝石和黄金的各式项链。时髦的小姐、尊贵的太太们见着这奇特的大幅广告，情不自禁受其诱惑，停下汽车，纷纷向离广告牌不远的珠宝商店走去。无怪另几家珠宝公司的老板发出感叹："中国小小的筷子也能使人发大财。"

　　筷子的英文名字如果翻译成中文，就成了"很快的棍子"。别以为这是笑话，当年英国人最初来到上海，首次接触筷子，不知道该怎样翻译这两个字，听一个上海人以洋泾浜英语将筷子说成 chopsticks，这样这句非纯正英语就广为流传，等从英国传回娘家中国，就成了"很快的棍子"。如今这句洋泾浜英语已为全世界所接受，连英国女王伊丽莎白二世也称它为"很快的棍子"。

1986 年 10 月伊丽莎白女王首次访华时，英国 BBC 电视台每天以 3 个特别节目向国内报道女王访华活动。英国人最感兴趣的是女王在北京人民大会堂出席国宴时使用筷子进餐的镜头。不少英国人在屏幕上看见女王熟练地不断以筷送菜入口，情不自禁连连喊好。他们也许不知道，伊丽莎白在访华前考虑到若不会用筷子将陷于尴尬境地，于是突击苦练用筷技巧，有时练得臂酸手痛，粉汗津津。正因如此，《每日电讯报》刊登一幅 20 厘米的照片，画面却是中国服务员为女王准备筷子的镜头。无独有偶，英国太阳报特派记者却以女王用筷夹龙眼为题，报道女王持筷出席中国国宴的盛况。正因好几家报刊不约而同地报道女王在北京执筷的快讯，一时间筷子在大不列颠竟成了热门话题。

在法国巴黎，筷子却另有一番声誉。法国国际美食旅游协会别出心裁，向巴黎福宫酒家颁发了 1988 年美食"金筷奖"，以表彰该酒家在中国、越南饮食烹调方面所取得的可喜成绩。巴黎香榭丽舍大道的幸福城大酒楼也同时领到"88 金筷奖"。以"金筷"命名的荣誉奖，颁发给色香味俱佳的中国餐馆，这就特别富有意义。国内目前尚无这项奖，而国外抢先一步首创金筷奖，由此可见，筷箸在欧美享有特殊的盛名。

在澳洲，筷儿也很走红。有位澳大利亚人见白人非常喜爱中餐，用筷却十分笨拙，便思索既省力又方便掌握用筷技巧的方法，经过苦思冥想，多次试验，终于发明在筷子的上部装上一个小弹簧，将两根筷儿联在一起。这样可使初步执筷者能很方便地使筷子灵活开合，易于夹菜，省去较长时间学习用筷的过程。这种发明给爱吃中餐而又不会使筷的"老外"带来福音，但也失去吃中餐的异国情趣，所以这种弹簧筷难以推广。

在新加坡，一些华人为使后代不忘自己是炎黄子孙，想出一种推广筷子的游戏。新加坡莱德岭华族传统艺术中心决定，每年4月8日举行运用筷子比赛，规定在限定的时间内，以筷来夹物，评选用筷姿势是否正确、夹的数量多少，最后评出冠亚军，给予奖励。用筷夹小玻璃球，或从水中夹小鹅卵石等，都有一定的难度，所以比赛时华裔青年和儿童情绪高涨，笑逐颜开，"加油"之声不绝于耳。

1990年6月，美国夏威夷第41届水仙花皇后团1位"皇后"、3位"公主"到上海后，住在新锦江大酒店，用餐时都能娴熟地用筷进餐。特别是四"公主"叶爱珍，虽生长在美国，不会说华语，写汉字，用筷子夹起肉丸却得心应手。记者问她怎会有如此高超的用筷本领，这位"公主"说："我从小就爱用筷进餐，在美国吃西餐我也用筷子。我不喜欢刀叉，筷子文雅，十分适合于女性使用。我对筷子有特殊的感情。"

生长在新加坡的旅英华裔苏亚伦先生，是当今欧洲最负盛名的美发师。他发明的"筷子发型"，使众多的欧美女性如痴如醉。苏亚伦是伦敦著名 SOH 发屋的老板兼美容师。有一次他在吃面条，当筷子卷起碗中一绺龙须面时，忽然想起童年时祖母用筷子似的长骨簪挑秀发的情景，于是他突发奇想，何不把筷子用于女子理发呢？他忙请来女模特做试验。这种标新立异的筷子发型立即风靡英伦三岛，并波及法国、德国和北美。光滑的竹筷用来盘绕秀发十分理想，经过竹筷特殊梳理技艺，有的状如银瀑飞洒，有的形似珠帘卷曲，使时髦女性更富魅力。在英、法等国小姐头上插着几十根竹筷招摇过市，虽然头似箭盔，引起满街行人注目，可小姐女士们却以"筷子大师"所创的新发型感到自豪。

1987 年 6 月，可用筷子盘出 50 多种发型的苏亚伦来到上海，在华亭宾馆示范"筷子电烫美发"表演，引起轰动。这位华裔美发师说："中国人的筷子真是无与伦比，不但在餐桌上挑、夹、扒、撮样样灵活，八面威风，而且在世界女性的秀发中也能显示其奥妙的巧能，这使我这个华裔血统的海外游子，对发源于古老中华的筷箸产生极为崇敬的心情。"

说起来也许有人不信，世界上竟有以中国筷子打字的外国人。这位名叫维罗尼加·莫尔的美国纽约人虽然双手残缺，但意志坚强。1981 年在大学读书时，偶尔发现了神奇的中国筷子，于是她就用牙齿咬着竹筷来翻阅书页，后来她又试着用嘴咬筷子练习打字，经过多次失败，最后创造了奇迹，终于成了用竹筷打字进行文学创作的女作家。

德国西部竟然有家筷子博物馆，收藏着金、银、玉、骨等不同历史时期不同国家的 1 万多双筷箸。而美国纽约的陈礼贞小姐私人藏筷也有 100 多双。陈小姐来中国前并没有想到收藏筷子。当她 1990 年 8 月在北京智化寺参观首届京沪民间收藏联展时，发现我所展出的数百双藏筷时，非常激动，紧紧握着我的手说："真没想到我在你这里发现了奇迹，这是我有生以来第一次看见这么多古董筷。"随后她每天来参观，每次来都缠着我向她介绍有关筷子的发展史和收藏经验等等。原来她生长在美国，正因为她是炎黄子孙，所以一见筷子就感到十分亲切，虽然她只能讲极简单的华语，但求贤心切，一再表示要向我学习，做一个筷箸收藏家。1991 年、1992 年、

1993 年连续 3 年从美国到上海来欣赏我的藏筷，并请教古筷鉴别知识，还带来了 10 多双古筷问长问短。

陈礼贞小姐以后真的实现了她的诺言，成了美国的筷子收藏家。不过她说："我要是不到大陆来观光，不遇到蓝翔筷箸收藏家，我决不会想到集筷，这都是蓝翔良师益友给我的启示和帮助。我爱中国和它发明的筷箸。"

八　筷子功能巧又奇

筷子，自古以来为我国吃饭的餐具，一日三餐，夹菜划饭，习以为常。有谁想到过筷子除了进餐还有种种其他的功能，也可以说与吃饭毫无关系的另外的功能。这里仅举一例。

几位地下党员被敌人关进监狱，为更好地与敌人斗争，于是成立了狱中地下党支部。一次趁放风之际，老马将一封密信扔向不远的窗口，不料一阵风吹来，把纸条吹落在窗棂外。因敌人早把窗棂改装过，难友虽然看见此密条就在自己的鼻尖下，但因窗缝太小，手指无法夹到，怎么办？如若延迟几分钟密条被狱警发现，不但暴露了党的机密，而且很多难友将会遭到屠杀。此时窗内难友想起筷子，他迅速将筷子从窗棂细缝中伸出，神不知鬼不觉地把密条夹到自己手中。这正如诺贝尔物理学奖获得者李政道博士所说："筷子是人类手指的延伸，手指能做的事，它都能做。"

（一）餐桌以外筷子功

沂蒙山区的山东临朐县，人们爱吃油炸蝎子。可是山蝎尾部有毒腺，要是不小心被那小小的弯钩蜇一下，肌肉立即红肿，疼痛难忍，比生场大病还难熬。当人们为解馋或为供应外宾享受这种中国独特的美味佳肴时，每年谷雨前后纷纷上山捉全蝎。

怎样才能捉全蝎而不被蜇呢？最好的武器就是竹筷。当人们在沟壑石堰缝里发现蝎子，便悄悄以竹筷一夹，然后放在瓶中，塞上瓶口带回家即可尝鲜。捉全蝎，顾名思义，不可使蝎子缺尾少腿，要活捉，这样唯有用筷子最合适，夹起来不轻不重，其他工具都不如筷子来得灵活方便。

上海有种风味小吃，叫糖粥藕。解放前，上海街头巷尾可见到这种挑担吆喝的小贩。制作时，筷子又发挥作用。藕每节都有六七个小孔，要把糯米塞满小孔，手指无用武之地，主要靠筷子一点点把糯米填满藕孔，这样加糖煮起来，香味扑鼻。如果吃起来藕孔缺少糯米，就感到缺少滋味。吃糖粥藕解馋，筷子也有一份功劳。

上海崇明岛还有一种特产——金瓜。金瓜特别脆美，制作缺少筷子不行。将瓜洗净，连皮蒸熟，割去瓜蒂，以酱油、醋从蒂处灌之，再以筷子伸进瓜内搅拌。说也有点奇，此瓜不用刀切，长长的瓜丝就会缠在筷上。然后借助筷子之力将瓜丝抽出，再以麻油拌食，又香又脆。正因为吃金瓜必须用筷子在瓜中一搅再搅，所以上海人俗称金瓜为"搅丝瓜"。

鱼的烹调很有讲究，为了烹时能保持鱼体完整，不使鱼腹外翻而造成鱼肉破碎，这就要借助筷子。鱼不破腹，以筷插入鱼鳃，在腹中转搅数次，再将内脏以筷取出。这样烹调之鱼，鱼体丰润饱满，形态自然美观，端上酒楼餐桌，可卖个好价钱。

制作水晶肴肉，筷子又别有一功。第一道工序就是选前猪蹄一只，刮尽猪毛去骨剖开，然后用尖头筷（日本箸为好），在肉面上戳一排排小洞，再均匀地撒上盐、花椒、少量硝水，然后把肉卷拢腌压待用。用尖筷戳洞切不可忽视，这样盐味可渗透肉中，不然水晶肴肉不入味。

筷子对于婴儿也有用处。我国自古习俗，婴儿过百日，妈妈或奶奶、外婆会在宝宝双眉间点一颗红痣，俗称吉祥痣。点吉祥痣最好的工具就是竹筷子。母亲往往用筷头蘸红色，在婴儿额头眉心间一点即可，既不痛也不痒，而红痣却点得挺圆，恐怕很难找到比筷子更理想更方便的点痣工具了。

端午节，我国有在儿童额头写"王"字的习俗。相传用雄黄酒画了"王"字，孩子即可不受虫叮蚊咬，可辟邪祛病。写"王"字大多以筷当笔。筷子蘸上雄黄酒，抹上三横一竖即可。筷子抹完"王"字，水一冲，转身戳上一个粽子，递给孩子。农村儿童此时大都握着单根筷子挑着的粽子，跑到天井里边吃边玩。旧时有竹枝词如此描写筷子："甘苦共尝双飞燕，五月端阳各自飞。"筷子平时都是成双作对的，可到了端午节一根筷可戳着粽子吃，故有"端阳各自飞"之句。

我国北方春节蒸白面馒头，因为纯白色犯忌讳，一些老大娘也像点吉祥痣一样，用筷头在馒头上点红点，1点、3点皆有，5点可点成梅花形。筷子到了春节，又多了一项额外任务。

筷子在木匠手中，又另有一番特殊的作用。在旧社会，河北南部地区，每当造房上梁时，老木匠就用红线绳系上7根筷子，每根筷头上再扎上红布条，然后挂在正门的大梁上，这时鞭炮齐鸣。相传筷象征妖邪之骨，红绳为妖邪之筋，红布条为妖邪五脏。筷子吊了七七四十九天，妖邪被吊示众之后，妖气烟消云散，新屋即吉祥如意。

筷子还被巫婆用来占卜。六七十年前，家中有人患重病，即请巫婆先在病榻前焚香祈祷，然后用大碗盛半碗清水，以3根筷子立于碗中。开始筷子无法立牢，巫婆即以水淋筷顶，水顺着筷子一次次流到碗中。由于水吸住3根捏在一起的筷子，这样相互有了依托和支撑，筷子就能立于水碗中不倒。这时巫婆就称请到了"筷仙"，于是胡说病人被鬼神缠身等等，从而骗取病家的钱财。

台湾同胞利用筷子来分家。利用筷子分家，历来是台胞的习俗，俗称"分随人"。等财产目录编好后，即将每份财产编符号，并制作相同符号的纸片，揉成纸团放在米升内，再将米升供于祖先的神主牌位前。烧香敬拜后，由各房代表用筷子伸入米斗中夹取纸团，以其上的符号来分配财产。等签字盖章后，大家再以红圆汤、发果等供祖先。谁家分得好财产，他们会在吃红汤圆和发果时，感激筷子抓阄吉祥。在台湾本地人中，分家时无论穷富一律以筷子抓阄，靠筷子招来好运，十分有趣。

筷子不但在分家时起作用，在电影《大决战》第2部《淮海战役》中，筷子又成了瓦解国民党残兵败将的武器。说来也真有点神，小小的筷子竟起到枪炮所起不到的威力。解放军包围了杜聿明兵团，天寒地冻，弹尽粮绝，国民党士兵饥饿难忍。这时解放军一起以筷敲碗，多次喊话。蒋军听了，纷纷爬到解放军阵地来吃饭。这倒不是在编戏，淮海战役真实情况就是如此。当年解放军文工团团员的一项政治任务，就是向蒋军敲筷子，唱《请客吃饭》快板：

> 白面馒头炒香肠，筷子夹肉喷喷香。
>
> 蒋军过来我请客，只要你们放下枪。

这快板在蒋军听来却是四面楚歌，很多人听了悄悄爬进解放军战壕。解放军文艺战士这时每人先发一双筷子，让他们狼吞虎咽吃饱肚子。这些蒋军吃饱喝足却不想放下手中的筷子，他们不愿再回去挨饿受罪，于是就成了调转枪口打蒋介石的"解放战士"了。

还有一部电影《洪湖赤卫队》，影片中的筷子又成了乐器。其中一个镜头是一位姑娘在唱《小曲好唱口难开》时，手中伴奏的乐器即是一个碟儿和一双筷子。筷子击碟清脆悦耳，观众没想到两样吃饭的餐具轻轻敲击竟会如此动听。

我国还有两种非正规乐器，都是以筷子来演奏的。一是碗曲。演奏者左右手各持一根竹筷，敲击着十几只薄胎瓷碗

（碗中放水不等），声音优雅，有曲有调，故有"碗琴"之称。还有一种是筷子敲击十几只经过挑选，悬挂着的玻璃瓶（瓶中放水），所奏之曲也很动听。上海浦东新区，现在是投资热土，名扬中外。浦东地方曲艺一"浦东说书"也离不开筷子。演出时，演员一手托钹一手握筷，未开口先以筷敲一阵小钱。同时这根筷子在演员手中，既可当枪又可当刀，既可当伞又可作笔，随着剧情的发展，筷子可以千变万化，渲染了舞台演出气氛。

笔者家乡常吃面疙瘩，南方也叫"面割得"。制作时也少不了筷子。首先将面粉调成糊状，然后用竹筷将面糊一筷一筷刮入滚开的锅中，等锅内一二寸长面疙瘩煮熟后，加调料以筷吃之，别有风味。

还有朋友聚餐，喝啤酒缺少"搬头"怎么办？筷子也可上阵发挥作用。以竹筷方头放在左手拇指下撬瓶盖，利用竹筷的韧劲，几下就可把瓶盖撬开。

筷子还有许许多多意想不到的功能，因篇幅所限无法一一列举。

（二）筷子亦有健身功

说到筷子的多种功能，不能不介绍它还具有健身的作用。

笔者五六年前在湖南张家界采风,当地文化馆干部向我说了一个筷子奇侠的传说:武陵山脉,山险谷深,古木参天。200多年前出了一个姓余的道人。他能使一双铁筷抗击清兵,杀得一些贪官污吏胆战心惊。官府为了谋害余道人,定下了暗杀他的毒计。一天余道人在一家酒楼饮酒,官府派来的刺客从窗外射来一支飞镖。余道人眼观六路,耳听八面,知道窗外有刺客却不动声色,等到金镖飞到眼前,"刷"地从腰间拔出铁筷,猛然将飞镖夹住,然后反手一甩,那飞镖反而把窗外刺客刺死。据说那余道人还能用他的神筷夹住飞舞的蚊蝇,等铁筷张开,蚊蝇不伤腿脚,依然能飞,这是轻功;重功可将敌人飞锤铁链夹断。

受此启发,我将从徐州家乡搜集来的一双铁火筷,找出来练功。此筷1尺5寸长,有1斤多重,我没本领用筷夹蚊蝇,只是用这双铁火筷当成练身的器械,每天早晨在公园舞弄一番。没想到我练铁筷功给电视台记者发觉,于是上海电视台来访录我的藏筷馆专题片时,特别要我表演一段筷子功。河北电视台在拍《收藏大观》"筷箸"专题片时,也将我练铁筷功的情景一一摄入镜头。此片除在国内各省市播放,还送往美国电视台,让筷子功在国外大放异彩。

　　笔者还亲眼所见，以筷子为中风瘫痪者治病。一位年已花甲的老人，因中风而双腿失去知觉，后经医院抢救，老命虽保住，但双腿麻木，无法行动。一位老中医诊视后，嘱咐儿孙，除服药外，再以两束天竺筷经常敲击病人双腿。医生说，竹筷敲击，可活血舒筋。说来也真有效，过了数月，老者腿脚可动，半年后，可以下床。现在有人腰酸背痛，也以筷敲击。人可以说是"贱骨头"，经筷子一打，可真舒服，所以这些老人皆夸奖筷子显奇功。

九 筷子功与过

说筷子于人类有功，大家也许不会有不同意见；可是说筷子有过，可能有不少人想不出它的过错在何处。现在我们就筷子的功过议论一番。

（一）分餐公筷快餐盘

俗话说："祸从口出，病从口入。"说到"病从口入"，早几年报上议论最多的是分餐制问题。为什么要分餐？关键出在筷子上。我国千百年习俗，在家中老少3辈同桌吃饭时，多双筷子几十次伸进一个碗里，又伸进自己口中。遇有婚丧寿诞，来自四面八方的客人围上一桌，也是你来我往，不断在一个碗中夹菜，一个盆中捞汤，这就容易传染疾病。

大宾馆有一阵受社会传媒的影响，举行宴会多采用分餐制，每个菜皆由服务员小姐分成若干份，再用小碟端给客人。这样虽然解决了不卫生问题，但也给食客带来麻烦。比如：爱吃鱼头者，偏给你送上鱼尾；爱吃鱼腹者，偏给你送上鱼背；不喜吃这种菜的，偏给你一大碟子；而非常想多吃点的，恰恰给你分上一点点，结果弄得大家十分扫兴。分餐制分到最后不了了之，现在宴会依然10双筷子一哄而上，你来我往，热热闹闹，皆大欢喜。

前一阵有些饮食专家提倡公筷制，他们认为用公筷比分餐制好。大家用公筷把菜肴夹到自己面前的碟中，然后再以自己的筷子送入口里。两双筷子颜色反差要大，这样可避免混淆。用公筷是为了健康，同时也可随心所欲，岂不两全其美。可是中国人千百年来的旧习难改，双筷制多年来喊得响，真正实行很难推广。

不过，实行双筷制也并不能保证进餐者万无一失。我国《食品卫生法》第二章第六条第五点规定，餐具、茶具和盛放直接入口食品的容器（包括筷子），使用前必须洗净、消毒。这一规定是保护人民健康的一个有力措施。可有些餐厅、饭店，对筷子等仅洗一洗；按《食品卫生法》规定严格进行消毒者不多。至于马路边的"大排档"，那就更糟了，洗碗筷的水，不知洗了多少次碗筷，水上浮着一层油腻，可还在洗，筷子洗过向那黑不溜秋的筷筒内一插，顾客不知底细，抽出一双操而入口，这能不传染疾病吗？所以说，病从口入其过不在筷子，而在不遵守《食品卫生法》的人。

现在有些工矿食堂改吃所谓快餐盘，有些会议餐吃盒饭或快餐盘，所用的筷子多为一次性的所谓卫生筷。这种方法在上海等城市得到推广。

（二）卫生筷引起争议

自改革开放以来，全国大多数城市的旅馆、饭店和个体饮食摊档，纷纷采用一次性筷子。在这种一次性筷子热中，有人提倡推广，也有人忧虑重重。提倡者认为，筷子受到病原微生物污染，即使消毒，卫生合格率也只有 70%，而放在筷筒中任人自取，极易受到第 2 次污染。为预防传染病，用一次性筷子是防止传染病传播的一种有效手段。不宜推广论的理由是：第一，所谓卫生筷并不一定卫生，在筷的制造、搬运、装箱、出售过程中，不知要经过多少双手盘弄，从不冲洗，受到污染的可能性很大，最后又要用手捏着筷头掰开，立即夹菜送饭入口。第二是增加顾客开支。第三，木材耗费量太大。据调查，1立方米木材只能做一次性筷子约2.8万双，而仅北京市一天就要丢弃300多万双卫生筷，约合100立方木材，那一年又要耗费多少木材？第四，制作卫生筷的桦木紧缺。桦木是制造胶合板的原料，我国是森林资源有限的国家，经不起再额外增加负担。第五，大量丢弃一次性筷子，造成环境污染。全国铁路沿线几乎都可以看到狼藉遍野的木筷和快餐盒，简直可以说是成灾，长江上也漂着这种筷与盒。

我国近年来对使用一次性筷子的讨论可谓十分热闹。其实，在一次性筷子的诞生国日本，早就对"剖箸"进行检讨。一些有远见的知名人士，多次在报上呼吁："饭后扔剖箸"是一种可怕而又惊人的浪费。有关资料表明，美国明尼苏达州的小镇西宾，有家莱克伍德实业有限公司，老板伊恩·沃德发现日本人不喜欢使用别人用过的筷子这一信息后，即于1988年开办木箸出口公司，1989年生产了12亿双剖箸销往日本，创利约400万美元。如今这个小镇以从日本赚来的巨款发展成了世界上最为出名的"筷子城"。可日本得到什么呢？不过是堆积如山的筷子垃圾而已。

大量使用剖箸，促使日本每年要从美国、加拿大、印尼、马来西亚、泰国和中国进口大量剖箸和木材，这已引起法国、加拿大等国的不满，这些国家的报刊多次批评日本是"环境破坏者"。日本国内早在1984年就有人自发成立"思考一次性筷箸"的群众组织，他们四处宣传并发行会刊，呼吁人们养成自备筷箸用餐的习惯，以减少大量伐木和丢弃剖箸污染环境。神户市一个拥有97万户会员的消费者团体，1984年6月1日还掀起了不用一次性剖箸的运动。

日本是世界上经济最为发达的国家之一，有条件从国外进口几十亿双木箸，我国有这样的条件吗？如果不大量进口木箸，那么我国并不丰富的森林资源又能经得起几年砍伐？别国走过的弯路，我们又何必去重蹈覆辙呢？

当然，不是说一次性筷子从此必须禁止，如在火车上吃盒饭，剖箸当然有它的优点，既轻巧又方便。但在一些城市的饭店、餐厅中，完全有筷子消毒的条件，大可不必卖力地推广一次性筷子。现在有些餐馆的服务员，为省去筷子消毒的麻烦而热衷于出售一次性筷子。笔者在参加"长白山笔会"的一宴会中，10人一桌，酒菜丰富，可是富丽堂皇的餐厅中，服务员小姐却给我们每人发了一双剖筷。圆桌较大，剖箸极短，粗糙不平的小木棒根本无法使客人将佳肴夹进口中；送上来的拔丝苹果，剖箸伸上去一拔就断，弄得全桌的作家、文艺家十分狼狈。几经交涉，店里也拿不出几双筷子。我不知这个餐厅的主管懂不懂我国自古以来就有提倡美食美器的优良传统。

写到这里，不得不提一位化腐朽为神奇的人物——有"筷子敖"美称的敖正奇先生。他并非筷箸收藏家，也非制筷能工巧匠，而是专门收集人们丢弃一次性剖筷而获得这个雅号者。约在七八年前，敖正奇在台湾台东某校教书，见在校就餐的学生吃饱后就将剖筷一扔，感到甚为可惜。一次校长要他写标语，敖先生突发奇想，何不利用这满桌满地的木剖筷来完成这一任务呢？于是他用盐水洗净拣来的剖筷，晒干后修剪成长短不等的小棒棒，再用强力胶粘贴在三夹板上，再上色。这些用废筷组合的字画，立体感较强，山水人物、花鸟禽兽皆栩栩如生，收到很好的艺术效果。数年来，敖老师一心扑在木竹筷书画上，废寝忘食，精心钻研，开创了我国艺文史上一片新天地。

1991年春，"筷子敖"由台湾回大陆，他从已创作的80多幅废筷子画中选出30幅，参加了宜春地区海峡两岸书画联展，其"独一无二的筷艺书画"引起大陆书画界极大的兴趣。环保卫生界人士对他拾废筷减少环境污染，也给予好评。

（三）家庭用筷卫生

我国的习俗，家庭用筷不分彼此，大家混用，餐毕将所有的筷子洗净插进筷笼，下次开饭再拔出分用。家庭主妇对筷子倒是洗得很干净，有时却忘记清洗筷笼。筷笼虽说不必天天洗，可一周两周忘了洗，筷子同样要受到污染。现在用塑料筷笼，洗刷较为方便，更不可忘记。

报上有文章说是漆筷含有铅质、硝基、氨基等成分，对人体有害。这是危言耸听，还是有科学道理？需要仔细分析。漆筷漆中含有铅和铬以及苯基等成分，这些成分确实对人体不利。可是新漆筷，对人体健康并无过多的影响。要注意的是，漆筷不能使用过久，若发现油漆开始脱落，必须停止使用，因为零星的漆皮容易随饭菜入口，对人体造成危害。在此，笔者介绍一种使用漆筷的保养方法。一般性漆筷要上漆数次，每上一层漆都要经过高温处理，所以漆是不会轻易脱落的。但漆筷最忌洗时双手来回搓，多次搓洗后，漆面易破裂；更不要用滚开的水烫，反复烫后漆皮也会起泡脱落。顺便提一下，红木筷不可用碱水洗，洗了，红木筷会失去光泽，改变木色，显得灰白难看。

　　家庭选择筷子以冬青木筷较好。它是采用女贞树木制成，不但木质洁白细腻，色纯味甘，使用无毒，陕北、河南等地民间还有以冬青木筷进餐有乌发明目一说。数年前湘西有种杜仲筷，这是新产品。杜仲树皮是补肝肾、强筋骨的中药，其木质也具有药性，味甘、微辛，有镇静、益气的作用。湘西农家老人有利用杜仲树枝制烟管的传统，相传可治风湿、舒筋骨。近来经医学家研究，以杜仲筷进餐有益健康。可是原材料较少，仅有少数供出口，市场难买到这种杜仲筷。

　　一般说，家中用青竹筷也很好，经济实惠，价廉物美，但不宜长用，久用竹筷易发黑。总之，家庭用筷应常常更新为好。

十　筷在民间文学中

筷子既是日用品，又是民俗品。所谓民俗品，筷子乃吉祥物也。

民间文学是由劳动人民口头创作，在劳动人民中广泛流传，反映劳动人民社会生活和思想情趣的口头语言艺术。民间故事、谜语、对联、民歌、小调等，皆属民间文学范围。劳动人民一日三餐离不开筷子，所以筷子成了民间文学的题材之一，劳动人民不断讲述它、歌唱它、赞美它。笔者将多年来在乡村城镇搜集到有关筷子的故事、谜语、对联、筷书等，加以记录整理如下。

（一）四个民间故事

以筷子为主题的民间故事，其核心具有多方的文化价值。

有的通过一双筷与一束筷的比较来反映团结抗敌的哲理，有的从金筷的失落反映贫富之间的道德观，也有的以浓郁的艺术笔法揭示抗暴英雄的斗争精神，还有的传播了生活知识和善恶的美学观。总之，这些民间故事折射了广大人民对筷子的情感。

一双金筷一条命

旧上海有"冒险家乐园"之称。在众多的"冒险家"中，最著名的要数哈同了。这个犹太瘪三，从海外流浪到上海时，全部家当仅有 6 元钱。他先在沙逊洋行看大门，后来因为门槛精，会敲竹杠，捞外快，不久升为洋行地产部的管事先生。后又靠贩卖鸦片和房地产发了财，光一个哈同洋行的资本就有 200 万两白银。

哈同在做杂工扫垃圾时，认识一个女佣人，叫罗迦陵，是中国人。奇怪的是哈同对她百般宠爱，不久 2 人结为夫妻。哈同成为地产大王后，就仿照《红楼梦》大观园式样建造了一座豪华而巨大的哈同花园（现为延安中路上海展览馆）。

哈同花园最热闹的一天是民国 2 年（1913 年）农历七月初十。这一天老夫人罗迦陵 50 大寿。为庆寿，哈同花园新装了 700 盏煤气灯和 5000 盏电灯。从初七开始，每天中午和傍晚各开数百桌寿席，用的是天竺佛筷。而招待贵宾，席上一律用金筷。当时，末代皇帝已被赶出紫禁城，罗迦陵要以皇后自喻，平时吃饭不但用金银碗，还特制小金筷、小银斧等吃大闸蟹。故有"小小银斧劈其身，沉沉金筷挖鲜肉"的诗句来形容其豪门奢侈生活。今天罗迦陵的寿诞也要效仿慈禧太后，以纯金筷大摆酒宴来招待贵宾。

谁知席散时清点金筷，发现少了一双，管家忙进行追查。他发现一个小侍女神情紧张，便认为金筷是她偷的，立即下令将她捆绑起来，一阵毒打逼问，可丫头大喊冤枉。喊声恰巧给罗迦陵听到了，这位念经信佛的老夫人很迷信，她怕在自己的喜庆日子里把丫头打死，这样不吉利，所以下令松绑，关照明天一早继续审问。谁知第二天黎明，这个侍女连喊3声"冤枉"后跳井自杀了。

从此，罗迦陵再也不敢以金筷宴请客人，一把锁把几十双金筷全部锁了起来，直到日本发动太平洋战争，突然派兵进入租界，并占领哈同花园。当时哈同和罗迦陵已死去多年，哈同花园的金碗、金杯、金筷及所有的金银财宝被日本兵抢夺一空。

（流传于上海、苏杭）

柳 筷 奇 案

清乾隆年间，微服出访的马县令路过牛家沟，忽闻一阵嘈杂声。县老爷挤进围观的人群，只见山坡下田埂边躺着一农夫，看来刚刚气绝，尸体旁坐着一名年轻妇女，正呼天喊地，号啕大哭。县令通过打听，方知死者叫刘铁山，号哭者是其妻刘王氏。

县令既然微服私访，遇有暴死之事，更注意察言观色。他从王氏哭声中感觉出某种异常之状，声响而不悲，音尖而不颤，想必有缘故。于是急忙向围观的乡亲打听情况。原来死者中饭前还生龙活虎在耕田，等到正午，王氏送饭来，刘铁山一掀开砂锅，栗子煨鸡的香气扑鼻而长，诱得旁边两个乡亲也馋涎欲滴。刘铁山先请小伙子每人喝了几口鸡汤，他们也不客气又用手拿了几块鸡肉塞进嘴里。这时王氏突然埋怨自己忘了带筷子，说着就在附近的柳树上折了一根树枝，用砍柴刀断头去尾，一分为二送到丈夫手中。刘铁山接过柳筷，不一会儿就把鸡和饭吃得一干二净，然后又去扶犁耕田。当王氏收拾好碗和砂锅，顺手把柳筷一扔，正想回家，忽听丈夫声声喊叫。原来他饭后感到腹胀疼痛，扶犁走出 10 多步即呕吐不止。等王氏和2个乡亲赶到身边，刘铁山已经倒在田边气绝身亡。

县令初步了解案情后，即将王氏带进府衙看管，另找法医和当地名医共同分析案情，都觉得问题出在饭菜上。可是这饭菜两个小伙子都尝过而无妨，检验鸡和栗子也无毒。许久，一位银须冉冉的老中医双手一拱，言道："小人多年前学医时，师父曾接到一个病人，病情和死者刘铁山相仿，我记得师父说过，死因出在筷子上。"此言一出，四座皆惊。原来，柳筷本身无毒，而栗子老母鸡也无毒，可是三者不可同时进食，这是因为食物有相克的禁忌。

县令见案情有所突破，即开堂审案。王氏开始并不承认自己有谋害亲夫的动机，直到点破她有意忘了带筷子的作案手法，她才被迫招认。不久前她勾搭上一个医生，两人密谋定下毒计，事先暗察发现田头溪边有棵柳树，连连叫好。奸夫原以为柳筷吃栗子煨鸡会引起中毒，别人不懂其中奥妙。没想到县令明察秋毫，在老中医协助下，弄清了谋杀案的来龙去脉，为农民刘铁山申冤昭雪，并将以毒筷杀人的凶手缉拿归案。

（流传于河北怀柔一带。至于柳筷吃老母鸡是否真会令人死亡，有待科学鉴定，但此故事已流传百年，不妨收录。）

铁筷王闹婚

咸丰元年（1851年）3月18，正是黄道吉日，湘西天风山下花莲镇清军副将胡朝楚大办喜事，娶第五房姨太太。因为年已花甲拖着花白长辫的胡大将军今天娶的苗家新娘年方十八，这老夫少妻该怎么拜花堂，所以四乡八邻都来看稀奇。

正当傍晚喜筵将开之际，大门口突然来了一位讨饭的，左手托着一只破碗，右手以一双竹筷击碗，边击边唱。守门的差人轰赶几次，老头儿就是不走。差人便放出一条狼狗。狼狗扑到老头身边站起身来，前爪正好搭在老头的双肩上。这狗经过专门训练，别的地方它不咬，对准老头的喉管就是一口。讨饭老头并非等闲之辈，他不慌不忙，一手托大蓝花碗罩着狗头，另一只手从下面用竹筷轻轻点了一下狗肚裆，只见大狼狗汪汪叫了两声，立即匍匐在地，浑身发抖，再也爬不起来。这时小少爷正好走出门来，这狼狗是他养的，他爱狗如命，一见狼狗摔倒在地，慌了手脚，忙问狼狗生的什么病。讨饭老头这时抢上前一步，双手一拱："少爷，我能看好狗的病。"小少爷是胡大将四房太太仅有的独生子，所以特别受宠爱。当时小少爷一挥手，即让老头抱起狗进内院给狗治病。说来老乞丐可真有一手，他把狗放在花园的草地上，先用筷子在狗身上像打鼓似地敲了一阵，再用筷钳住一只正飞着的蜻蜓，又捉了一只苍蝇和5只蚊子，然后从身上掏出一只药粉瓶，将药粉和苍蝇、蚊子、蜻蜓等加酒调和好，给狼狗吃，不到5分钟，狗即爬起身来摇头摆尾，虽然又显威风，但不敢再对叫花老头无礼了。

小少爷见老头身怀绝技，联想到他的4个妈妈交给他闹新房的任务，就让老头当他的保镖，准备在新房里大闹一番。小少爷进入新房，从怀中取出一个红布包，恭恭敬敬给新娘行了一个礼："五妈，孩儿给您献礼来了。"说着将红布包送入新娘手中。闹新房的人纷纷要新娘当众解开红布包，看看比她只小几岁的所谓儿子送的是什么礼品。新娘子犹豫再三，还是不肯解包。因为她头上蒙着红头巾，双眼看不见，可是在众人起哄催促下，她不得不从头巾下偷看着把布包一层层解开。当解到最后一层时，突然从布包中窜出一条大青蛇，吓得新娘和闹新房的人都惊叫起来。就在众人束手无策时，老乞丐突然从桌上摸起一双剪龙凤花烛的铜火筷递给了新娘。新娘接过铜筷，忙把爬向她胸口的青蛇用铜筷一挑，蛇恰巧落到小少爷身上，吓得小少爷忙喊"救命"。老乞丐一笑，抽出他讨饭的竹筷将蛇一夹，顺手一甩，谁知胡大将军此时正好走进新房，毒蛇不左不右甩在新郎长满白胡子的脸上。胡将军不愧为武将，他见蛇并不怕，一把将蛇拨到地下，并用脚踩着蛇头，然后用手一指老乞丐呼喊道："来人呀！把这老贼替我拿下！"随即几个手拿刀枪的兵丁冲上前来。老乞丐退到桌边，伸手从后腰拔出一双铁筷，飞快夹起桌上盛红枣瓜果的瓷盘，向着兵丁甩了过去。射出的圆碟一个个正击中兵丁武将的脑门，直打得喜气洋洋的新房血肉横飞，鬼哭狼嚎。

胡将军此时怒火万丈，拾起一把单刀，向老乞丐杀将过来。新娘见此情景，揭下自己头上又厚又大的红头巾，拎起来一个飞旋，将新房的龙凤花烛和其他烛灯全部扇灭，室内一片黑暗。新郎心头一惊，刚想喊点灯时，只感到双眼无比疼痛，天旋地转。等他手下兵丁把灯点燃，只见新郎双手捂着头栽倒在地，再仔细一瞧，他的双眼中插着一双竹筷，筷上还有一张纸条：

　　　六十狗官抢新娘，伤天害理活不长。

　　　智救少女出火坑，大闹洞房铁筷王。

原来这老乞丐就是威震湘西的抗清苗寨英雄铁筷王。他所用的武器与众不同，是一双特制的铁筷。这是他年轻时在铁匠铺打铁时，在一位银须飘飘的老道人指点下，经过七七四十九天打成的特殊武器，他的筷子功也是老道人传授。几十年来，他的筷子功在杀富济贫、抗清护苗中所向无敌，人称"铁筷王"。

这次铁筷王下山，为的是惩处狗官胡朝楚。这老家伙抢的新娘不是外人，正是铁筷王新收的女徒弟。因苗女秀妹年轻美貌，被胡老爷看中，他派人杀了她的父母，将秀妹抢下山成亲，没想到铁筷王会化装乞丐相救。这真是：

> 强抢民女桃花梦，双筷刺目一场空。
>
> 恶贯满盈终有报，筷王下山显神功。

（流传于湘西苗寨）

陈毅请客赌筷

抗日战争期间，新四军陈毅军长在苏北某地发出请柬，宴请周围各地军政要员。

宴会之日，新四军驻地热闹非凡，醉仙楼前车水马龙，各界首脑纷纷光临。这些人物中既有国民党军界要员，也有当地的乡绅富豪，还有干过土匪现在打着抗日旗号的保安团、忠义救国军的团长、司令之流。等客人入座，陈毅即敬酒布菜，连致酒词也没说。大家正在纳闷，只见陈老总站起身来说："为了助兴，我们来玩一次小小的游戏。这里有一双竹筷，谁能将它折断，我罚酒3杯，折不断，罚他喝3杯。"话音刚落，便有个武夫出身的国民党保安队长上前接过筷子，双手猛一使劲，"啪！"竹筷马上折断。陈毅连声叫好，端起酒杯，连干了3杯。

陈老总放下酒杯，又拿起3双乌木筷说："哪位能同时折断这3双筷子，我送他3瓶高粱酒，折不断，要罚他喝干3杯酒。"此时人声沸腾，议论纷纷，可是并不见有人站起身来。陈老总很沉得住气，又等了一会儿。一个虎背熊腰的国民党杂牌军团长站出来，伸手接过6根木筷，提神运气，直憋得脸红脖子粗，只听见"嗨"的一声大吼，3双乌木筷应声而断。宴会厅中有人鼓掌，有人喊好。陈毅同志莞尔一笑说："佩服！佩服！"说着特将从上海买来的3瓶上等高粱酒奖给这位团长。

这时，战士又送上一束天竺筷。陈毅说："哪位英雄好汉能折断这10双筷子，我们奖励100块袁大头（银圆）。"说着一挥手，战士马上送上一个托盘，盘中10块一叠，整整放着银光闪闪的 10 叠银圆。在座各位虽然眼红手痒，可是终于没有人站出来。经验告诉人们，10 双一束的筷子，即使是大力士也难将它折断。

这时只见陈毅举着筷子说："我请诸位光临，并不是真正要和你们赌筷子，只是想说明一个道理：一双筷子易折断，三双筷子难折断，一束筷子折不断。我们抗日也是这个道理，你的队伍单干，就会被日军吃掉，两支队伍配合作战，日本鬼子就难对付你们。如果我们各个友军联合起来，团结一致共同对敌，那么日本鬼子兵必然会被我们打败。"

大家听了陈毅军长一番话，情不自禁鼓掌叫好，很多人手握着筷子，越吃越感到陈毅这桌酒菜别有滋味。

（流传于苏北一带）

（二）说谜刻联题诗

"兄弟双双，身子细长，只爱吃菜，不爱喝汤。"这个谜语猜一样日用品，能猜到吗？哦！猜着了，是什么？筷子。对，是筷子。

筷子，在日用品中和人们最亲密，一日三餐谁也离不开它，所以自古以来，我国广大的农村乡镇出现了很多筷子谜语。

"小足圆圆头四方,进进出出总成双,日里人捉二三次,夜里罚站到天亮。"民间谜语的特点,是用简单的几句短语说出要猜之物的特性,写出别人没有发现的而又引起猜谜者十分感兴趣的现象。筷子的特点是"成双作对",而不用时插在筷笼中的,故有"罚站到天亮"之语。这种谜语语言,既幽默又形象,而只属于筷子所独有。

> 身体细来七寸长,山上砍断离家乡。
>
> 热油钻来汤里烫,到头不能见亲娘。

这个谜把筷子人格化了,写得悲壮更令人同情。无论是木筷或竹筷,皆是从山中砍下削制而成,不管是热油沸汤,或是高温百度,筷子也不惜自身,最后宁愿牺牲自己,和"亲娘"(树、竹)永无团聚之日也毫无怨言。看来这仅仅是一个民间谜语,可是它把一种献身精神极其感人地显示出来,使猜谜者深受教育。

当然,也有贬低筷子的谜语,比如:"两个兄弟一般大,出来时候不说话,每逢吃饭它先到,做活总是不见它。"筷子又成了好吃懒做的形象。

有关筷子的民间谜语,只要是我国使用筷子的地方,几乎都有流传。这些谜语看来通俗、浅显，但可从某个侧面折射出 3000 多年箸文化的特点。现将笔者多年搜集的筷子谜语集录于下，供有兴趣者参考：

墙头上面一蓬葱，一天拔三通。

灶头间，一蓬葱，客人来，拔一空。

两兄弟，一样长，同吃同睡同一床。

姐妹两个一般长，下过水去偷菜秧。

两个姐妹一般样，饭菜滋味它先尝。

弟兄两个一般高，吃鱼吃肉不长膘。

姐妹二人去坐席，回来油酱染花衣，热水里面烫又洗。

（漆筷）

哥俩一般大，见面不说话，见菜就顶嘴，你夹我也夹。

姐妹两个一般长，像爹像妈一模样，

孪生子亦双胞胎，饿了它俩来帮忙。

两个娃娃一般高，从头到脚细又小，

香饭好菜它先尝，吃不胖来长不高。

睡着等客来，客来忙招待，

站起脚叉开，来回跑得快。

因为筷子一双两根，非常适合题写对联。对联，顾名思义为两句，一根筷子可刻上联，另一根筷子可刻下联，一双筷子并排放在一起，读起筷上对联，就会感到别有韵味。可惜的是刻有对联的筷子极难搜集。笔者曾千方百计觅来两双民国初年的嘉定竹刻对联筷，但筷上对联极为普通，与筷子毫无关系。多年来，我深感赞赏筷子本身的对联筷更为难觅。不过笔者总算珍藏一双出自上海著名竹刻家徐锡方之手蛙头双面刻竹筷。筷长 37 厘米，正面刻松山长春浮雕图，竹心一面刻有一副对联：

酸甜苦辣皆尝尽

为谁辛苦为谁忙

此联极为绝妙，全联 14 字找不出一个"筷"字，却令握筷者感到筷子的艰辛、劳累，马上会对筷子产生一种特别的感情。

笔者所收集的另一副与筷子有关的对联，是徐州市诗词学会会长苏辛洁老先生亲笔题赠：

一笼藏日月

双筷起炎黄

因为我既收藏筷箸，又集藏筷笼，所以这位年已耄耋的诗词家、书法家大笔一挥，写下这副十字联。此联极有气派，仅 10 字竟将小小的筷子与"日月"、"炎黄"联系起来，这是以文学艺术手法歌颂我们祖先发明筷子已有 5000 余年悠久历史。

有家饭店挂有一副对联，也和筷子有关：

> 饭香菜鲜迎客早
>
> 碗洁筷净映春红

这几年吃火锅吃烧烤风靡全国，其实北京早在 30 年代就有多家烤肉店应市。那时吃烤肉用六楞木和箭竹做长筷子，自己在炙子上烤食，故北京某烤肉店曾挂出这样的对联：

> 为尝美食愿献身
>
> 赴汤蹈火永不辞

如果见了当年吃烤肉而堆积如山的烧焦筷子，就感到这副歌颂筷子的对联毫不夸张，的确是真实写照。

在 1937 年抗日战争爆发后，很多抗日文艺战士将对联刻在一双双竹筷上，宣传抗日，十分感人：

> 抗战必胜杀日寇
>
> 收复失地保中华
>
> 宁可杀敌枪下死
>
> 不愿吃喝偷生活

我珍藏的一双革命文物,抗美援朝纪念银筷,是1954年前后发给中国人民志愿军团以上干部的纪念品。刻在银筷上的虽算不上对联,却以对联的形式刻在筷上:

反对美帝国主义侵略

保卫东方与世界和平

也许筷子属不登大雅之堂的日用品,文人雅士很少以诗来直接吟诵筷子,相比之下平民百姓对筷子更有感情。不过,历史上也曾留下数首吟箸诗。

清代大才子袁枚曾写过一首《咏箸》诗:

笑君攫取忙,送入他人口,

一世酸咸中,能知味也否?

有些文人评论此诗,说袁枚一生宦海飘浮,未能如意,这才借筷箸来发牢骚。其实这位随园老人不但是诗人,还是位美食家。他40岁即退隐南京,筑"随园",以诗酒会友,生活十分悠乐。73岁左右写了一本蜚声中外的烹饪专著《随园食单》。正因袁枚数十年"遍尝诸家食单",对筷子产生了特殊的感情,这才以戏谑口吻咏唱了筷子,诗中对筷子深含美好之情。

"两个娘子小身材，捏着腰儿脚便开。若要尝中滋味好，除非伸出舌头来。"这是宋代女诗人朱淑贞所写的《咏箸》诗，若隐去题目，也可当成谜来猜。不过有人怀疑这是否真是女诗人写的诗。若从诗句来探讨，似乎缺少古诗的文学性。也有人认为朱淑贞由于抑郁不得志，写了不少幽怨诗，这首《咏箸》不过是借题发挥，是一种无可奈何的真情流露。

如果将朱淑贞的《咏箸》和明代程良规的《咏竹箸》相比，程诗的意境就高得多：

> 殷勤问竹箸，甘苦乐先尝，
>
> 滋味他人好，乐空来去忙。

要说诗的意境、意义，中国文联副主席、天津作家协会主席、著名作家、书画家冯骥才先生寄赠的一首咏箸诗，我看要比古代诗人略高一筹：

> 莫道筷箸小，日日伴君餐；
>
> 千年甘苦史，尽在双筷间。

此诗冯骥才先生亲笔题赠，挂在我的藏筷馆中多年。中外参观者对此诗无不赞赏，认为深沉、隽永，富有新意，乃吟咏筷箸之佳作也。

（三）筷竹书法别致

中国的书法艺术是古老的宝贵的文化遗产。书写工具除了毛笔及其他笔外，手指、发辫、胡须等也能写出精美的书法作品。可能有的人还不知道，筷子同样可作书写工具。

其实，早在毛笔发明前，先民们吃好饭就用筷子蘸着禽兽之血在山崖、兽皮上写写画画。那时筷子写字虽然称不上什么书法，筷子也并非像今天似的正规专用，却既可以进食又是记事书画的工具。

纸和毛笔发明后，人们对以筷为笔的历史渐渐淡忘，但并非绝迹。相传乾隆皇帝下江南，当他来到苏州太湖边，天色已晚，只好向渔民借宿。渔家下厨忙了一阵，端上来一菜一汤。乾隆早已饥肠辘辘，闻到碗中的诱人香气，不等主人邀请，便握筷品尝起来。因此菜为鳝丝和虾仁烹制，故乾隆命名为"游龙绣金钱"。乾隆吃了一碗不解馋，还想再吃。渔家大娘闻听此言，抱着空鱼篓痛哭流涕。原来这黄鳝和河虾全是儿子下河捕来，可是中午一回到家，却被官府以抗捐之名打入牢监。老妪现在想起今后不知如何谋生，故而伤心痛哭。

乾隆听了老渔妇的哭诉，便称是县老爷的好友，只要修书一封，即可救他儿子出狱。老渔妇听后十分高兴，忙东找西寻总算找到一张白纸，可找不到笔墨。怎么办？渔家大娘急中生智，想起做饭前从铁锅上刮下来的一层锅灰，忙以水调好递给乾隆。皇上一愣，无笔怎好修书？这时聪明的太监忙送上一根竹筷。乾隆无奈，只好以竹筷代笔写道："竹箸为笔蘸锅灰，渔妪之子犯何罪？母子团圆捕鱼虾，烹调佳肴联欲醉。"

乾隆一生善于书画，虽然以筷代笔，但字体飘洒自如，龙飞凤舞。当太监把这封筷书送到县太爷手中，吓得他面色突变，双膝下跪连称"死罪死罪！"从此，这年轻的渔民成了县太爷的座上客，非但不敢向他逼捐讨税，每月还送 50 两银子上门。渔夫为感激乾隆以筷修书救命之恩，自己也天天坚持以竹筷练习书法，后来成为一位民间竹筷书法家。

此则传说虽非正史，但民间流传过筷子书法却是事实。中国书法家协会安徽分会理事、著名筷笔书法家李国桢，曾在《文汇报》著文说，竹筷（俗称筷笔）乃万笔之祖，后筷书渐渐衰落，直到解放初，有些地方仍有用筷子写字的，称之为筷子书。我国具有 3000 多年箸文化历史，绝非一朝一夕就能让筷子书法绝迹于中华大地。近来筷子书法不但没有绝迹，相反兴旺起来。

某报曾介绍过湖南会同县侗族筷子书法家李盛甲的事迹。有记者问他对筷书的见解，他说：筷书作为一门艺术，是近几年发展起来的。除了书写工具新颖外，其特点是写出来的字，刚中见柔，潇洒飘逸。别看筷子结构简单，但作为"笔"，用起来却十分讲究变化，才能在质朴中求灵动，宁静中有神韵，否则就不能给人以美感。此外，很多报刊上发表过筷笔书法。不过这些颇有成就的筷子书法家，所用的筷笔皆为独根筷子。单根筷书写有不理想之处，因竹筷较细，字体无法写大。正如乾隆所书，写封信还可以，若是写大字条幅，就无用武之地。

笔者收藏、探讨古筷多年，上海电视台前来拍摄《蓝翔民间藏筷馆》时，知道我也在练筷书，即要我持笔上镜头书写。我和其他筷笔书家不同，是以双筷落笔。我之所以别出心裁，主要认为既然称为筷子书法，就应该两根筷子并用。在人们概念中，筷子成双作对，独木不成林，一根筷虽也算筷子，但总感到不完整，仅半副，有残缺感。所以我大胆突破传统筷笔概念，主要用一双竹筷练习书法。双筷并用，难度较大，主要是用墨难以掌握，竹筷光滑，储墨不易，蘸重了墨汁很快顺筷流淌，把宣纸污染；蘸轻了，一笔写了一半就会墨汁枯竭。其次是筷硬纸软，运筷不慎宣纸即被划破。第三是竹筷不具备毛笔柔软自如的优点，行书时直挺挺地无法弯转或提钩等。

　　我由于藏筷而对筷箸无比热爱，故知难而进，苦练双筷书法，经过一番探索，现在总算初步克服以上三大难关。尽管离成功尚遥远，可面对上海电视台的摄像机，我以双筷写下了"筷乐"两个大字，这也算是记录了我国第一张双筷书法的诞生。

十一　筷子也是收藏品

（一）中华之最藏筷馆

由中国青年出版社出版的《中华之最大典》615页，载有"第一家由私人创办的筷子博物馆"条目。这家"中华之最"的藏筷家庭博物馆，就是由我所创办。藏筷馆的匾名，为张爱萍老将军所题。当藏筷馆1988年在上海免费向社会开放时，《人民日报》等三十多家报刊对此进行了报道。

30年前鄙人六十有五，对筷子发生兴趣，四处收集古筷时，有人见我大腹便便，都以为我是老饕，不然怎么会对筷子如此入迷？其实，我这人既不是馋鬼也不是酒鬼，半碗剩菜，能填饱肚子就行。有次老伴为了我乱花钱买古筷，赌气"罢工"，封锁灶间，我偷了一点盐，半根葱，几片姜，冲了一碗青龙（葱）过江（姜）汤，伴着冷饭，也吃得津津有味。

　　我所以迷上筷子，因为它是我国四大发明外的又一发明。看来极为简单，但有夹、拨、撮、挑、戳、扒、剥等多种功能，既灵活又巧妙，筷上还能刻诗、雕画、题联，当然值得爱了。不过筷子给我留下不可磨灭的印象是在"文革"中。造反派为戏耍关牛棚的老教授，吃饭不给他筷子，老教授只得用手抓、用舌舔，将半碗咸菜饭送下肚。我那时因创作过几百篇文学作品，也被打成文艺黑线人物在监督劳动。见老教授无筷进餐，斯文扫地，简直是不寒而栗。真没想到，人失去了小小的筷子，其形象人兽难分，野蛮之极。我为了免遭造反派将我当猴耍，忙悄悄将一双筷削短，暗藏腰间。不过那时的藏筷，不是玩赏收藏之藏，而是胆战心惊偷藏之藏也。

上海民间筷箸博物馆馆长　蓝翔

　　真正爱上筷子，还是在十年动乱之后。当时为撰写《华夏民俗博览》一书，常下乡采风，在了解筷子在礼俗、婚俗、食俗中常扮主要角色后，于是萌发藏筷念头，可是不知如何下手。一次在上海市郊，偶然发现瓜棚下一老妪在吃饭，手中的筷子又粗又长，好奇心驱使，即与老妈妈商量，愿以10双新筷换她手中旧筷。在老妈妈愕然之际，我已骑自行车从镇上买来十双新漆筷。不看不知道，一看兴趣高。老妈妈用的是她年轻时去杭州灵隐寺进香买来的天竺筷。筷上除有"济公佛筷"四字外，济公佛像也清晰可见。这双五十多年前的天竺筷长29厘米，比现在的新筷整整长4厘米，筷杆也粗得如同毛笔杆一般。包的还是铁头，早已锈蚀。老妈妈见我对此筷爱不释手，就说："阿弥陀佛，你得了这双济公筷，济公菩萨会保佑你。筷子筷子，多子多福。"

　　也算有缘，我可真应了老妈妈的吉祥话。所谓"多子多福"，多的不是儿子孙子，而是筷子。自从我收藏了这第一双济公佛筷以来，不知不觉已集藏了古今中外筷箸1 000多种，总数1 600多双。斗胆说一句，如果我一天换一双筷子，可以吃上三年不同样。看来中国任何一个家庭中的筷子不会比我的藏筷再多了。有幸能登上《中华之最大典》，也算是名不虚传。不过老实说，我们家用的全是毛竹筷，即使宴请贵客，也只是换上新竹筷而已。好筷子多得很，晶莹温润的各式玉筷，雕有山水人物的象牙筷，镶银的湘妃竹筷。如同《红楼梦》中的乌木三镶箸，蒙古刀筷、日本箸、泰国筷等皆有，可是我舍不得用以进餐，只供欣赏。这是只饱眼福，不得口福哉。

您见过嘉定竹刻筷吗？我珍藏的两双竹筷，出自上海嘉定竹刻名家之手。闻名中外的嘉定竹刻，明清鼎盛时期，工匠对筷子等生活用品不屑一顾。可辛亥革命后，主刻笔筒、镇纸文房之类销路不畅，一些竹刻名家只得放下架子刻起竹筷。我所藏的夫妻对筷，就是主人在1935年重金聘请名师所刻。此筷之妙在于双面刻。一双竹皮刻有"金玉之心，芝兰之气；仁义为友，道德为师"对联；反面竹心刻的却是唐明皇游月宫图。另一双正面刻"好鸟枝头亦朋友，落花水面皆文章"。反面刻的是诸葛亮借东风图。"游月宫"和"借东风"皆是戏文，铁笔能将宏伟的戏剧场面浓缩于双筷相并仅有一厘米宽的小小天地里，而人物须眉逼真、神形兼备。其细如发丝的刻技，真堪称绝艺。字也如此，一个个空心双钩字体，舒展流畅，潇洒秀美，字虽出自刀下，却不见刀痕。凡是欣赏过些筷者，无不赞其精美绝伦。

您见过仅有牙签长的微型筷吗？我珍藏的这双小筷子仅有 6.8 厘米，以玳瑁制成，花纹透明晶亮，十分可爱。相传清代江南富豪人家的少奶奶怀孕，娘家人即在银楼定制银链小筷子送到女婿家中。"筷子筷子——快生贵子也"！这是讨口彩的催生吉祥物。其名为清代如意盘长银链玳瑁筷，链头为银铸如意，这便于拎也便于挂，中间为银"盘长"图饰，寓意小宝宝长命百岁。下面为两银链，一根系一支玳瑁筷。孩子降生后，挂于账中，既是玩具也作辟邪压惊物。这种 200 多年前的吉祥筷早已绝迹市场，我能偶然觅到此物，说不定又是济公保佑我。

藏筷馆最长的筷是长 37.5 厘米的紫檀木筷，有普通筷两根接起来那么长。文学大师梁实秋曾写过一篇《圆桌和筷子》的文章，说他见到的最大圆桌可坐 24 人，这样大的圆桌要多么长的筷子才能够着夹菜呢？我收藏的 37.5 厘米的长筷，就是这种超大圆桌的特别长筷。这种长筷只是在湖南流行，我是从长沙找到张家界，又转到南岳衡山，求到一位老厨师，以高价才觅到手。此筷为最名贵的紫檀木加工而成，乃民国初年某督军大亨之物，现已成为难得一见的稀有藏品了。

我不但收藏筷箸，还对其起源、发展、品种、习俗等进行一番研讨，撰写的《筷子古今谈》一书已出版。这虽是一本小册子，却是我国有史以来第一部探讨箸文化的专著。

笔者苦苦藏筷十余年，耗尽心血，用尽所有的稿酬和积蓄，能成为中国藏筷第一人；创办了大陆独一无二的家庭藏筷馆；出版了中国探讨箸文化的第一部专著，这三个第一的取得，对我这个收藏爱好者来说，也是值得欣慰的。

我的"藏筷"生涯

2014年新年伊始刚开门，邮递员送来的《上海采风》元月号已随新风迎面扑来。当卷首语"收藏，做什么?"五个大字进入眼帘，真令我这个痴迷收藏多年的老翁振奋不已。这次第三届世界华人收藏家大会在台北召开，我没收到邀请，不过第一届我接到了请柬，并在上海浦东金茂大厦展出了唐宋元明清百余双古筷。作为小小的民间藏者，能参加世界华人收藏家大会，真有点受宠若惊。第二届大会我又受到邀请，虽然写了论文因错过交稿日期没能采用，但心中热乎乎的。两届听了很多收藏家的演讲，看了几大本论文，并进行了多次交流，受益匪浅。参加两届收藏家大会，各人感受不同，有人沾沾自喜，认为自己已进入世界华人收藏家之列。可我在上海展览中心，看了一些收藏家展出的唐寅、石涛、吴昌硕、张大千的藏品，头脑有些清醒。相比之下，我们民间藏品往往不上档次。能够有幸被邀请参加收藏家大会，这是给我们民间藏者一个大开眼界的学习机会，但并非说明我们已真正进入世界华人收藏家行列。不过这两次邀请使我感到温暖，给了我鼓舞和安慰。

■ 尼克松访华学用筷

我作为上海民间文艺家协会的一名箸文化收藏家，早在2000 千禧年 8 月已应邀在台北世贸大厦举办了上海民间筷箸文化收藏交流展。出发前有记者来采访，问我怎么会想起收藏筷子？说起来有点传奇色彩。那是在"文革"中为了"扫四旧"，竟把红木筷、象牙筷放在马路上焚烧，两天后我又目睹了红卫兵为逼迫老教授交代所谓罪行，吃饭不给他筷子，教授饥饿难忍，只好用手抓用舌舔把冷饭送进辘辘饥肠。当"四人帮"被打倒后，人们又开始玩收藏时，我的脑海中，老教授无筷进餐、用手抓食、人兽不分、斯文扫地的狼狈形象不断出现，我感到中国人绝不能离开筷子，由此对筷子产生一种特别感情。

当我准备收藏筷子时，偶然看到一篇报道，说的是 1972 年尼克松首次访华，周总理举行国宴教尼克松用筷，当总统学会用筷、尝遍满桌的中华美食时，他高兴地放下筷子，加拿大多伦多记者忙把这双筷子抢到手扬长而去。等他到了美国，一些欧美收藏家包围他，争相请他转让这双人民大会堂筷子，最高价喊出 2 000 美元，可记者先生说：尼克松访华最独特的纪念品就是筷子，中国是筷子的发源地，它是华夏民族古老的文明象征，出价再高我也不会转让。

■ 填补空白喜藏筷

当时全国刚从"文革"噩梦中醒来，根本无人想到筷子也是收藏品，我受这篇报道启发：既然欧美收藏家 2 000 美元收不到中国筷子，我国又无人收藏筷子，那我为何不填补这项收藏空白呢？1978年我开始走上筷箸收藏之路。

上海民间文艺家协会对我这新会员收藏古筷非常支持，时任秘书长的任嘉禾同志，不但亲临会场主持开幕式，还和虹口区文化局长等来宾，仔细地欣赏我千方百计所收的唐宋以来的300多双筷箸。然后老任对我说：这些都是古代的文化遗产，箸文化博大精深，你要多多研究好好保护。

通过这次展览，我又进一步提高了认识。因为这次小小藏筷展竟引起新华社记者来采访，并以《蓝翔建立个人藏筷博物馆》为题向全国发电讯，《人民日报》《西安晚报》《扬子晚报》等三十多家报刊登载了这一专讯，使刚刚创建的简陋藏筷馆一夜之间名扬四海。当年，我不明白，一家民间藏筷馆的兴办怎么惊动新华社？后来民协姜彬会长告诉我，藏筷馆之所以受到新闻媒介的重视，在于它的开创性。此前国人只把筷子当成吃饭家什，没人把它当成我国四大发明外的又一发明；你蓝翔慧眼识宝，不但千难万难收藏它，还办了馆，你就是我们弘扬箸文化的带头人，所以新华社给你写了报道。

■ 台湾办展遇上"台独"

1999年夏，台湾《美食天下》杂志许堂仁社长四人慕名来上海藏筷馆参观，发现1993年我撰写出版的《筷子古今谈》

后激动地说：蓝先生，你既然写了我国有史以来的第一部箸文化专著，能不能也为台湾写一部繁体字的箸文化专著？当我了解到台湾从没有出过箸文化之作，即答应 2000 年 1 月交稿。当主编许小姐按约来取稿时，同时带来两个好消息：《筷箸文化大观》8 月初可出版，同时邀请我在台北举办上海民间筷箸收藏交流展，并签名售书。

当年赴台很麻烦，一要政审，二要在香港转机。当我们 8 月 8 日飞抵台北，发现情况又有变。当时陈水扁执政，他为了淡化大陆影响，提出不挂上海民间展览交流团的标牌。我孤掌难鸣只得随机应变：正好我带着谢添等名人题写的书法作品，即以谢添"筷迷快乐"为展标。台北许社长连连称好，说这四字没有政治色彩。其实谢添是著名老演员，凡是从大陆撤退到台湾者，大多看过谢添主演的电影，他的题词挂在展厅中，台湾参观者可一目了然：古筷收藏展乃来自大陆。

想想好气又好笑：筷子为中国古老的发明，每个炎黄子孙出世后，就一辈子离不开筷子，你陈水扁想利用手中权力企图消除两岸用筷进餐亲如兄弟的关系，这真是枉费心机。正如一位台胞在参观留言本上所题：筷子不是新武器，双筷亲密如兄弟；两岸好似一双筷，海枯石烂不分离。而我们也在展厅出口处挂上"一笼藏日月（笼者筷笼也），双筷起炎黄"对联。

其实，筷子既非"台独"分子所说的统战新武器，也非"台独"大佬去中国化的法宝，它就是正常的传统收藏品。有人越处心积虑设法限制和淡化筷展影响，同胞们越是主动和我们上海来宾接近。宣传、热爱、保护祖国文化遗产，展示华夏古老的物质文明，两岸心犀相通。

■ 送金筷的台湾太太

陌生的参观者非常热情，好似老友重逢，一见如故，有的主动送名片，有的请我们签名，还有的邀请我在展柜前合影留念。最难忘的是一位台湾太太挤过来，说是要送我金筷子。这当然是不可能的事。纯金古董筷以前只有皇帝可享受，其他人用金筷犯有欺君之罪，所以当今世上纯金筷特别稀少，万金难求。其实这位太太真有金筷，是他金融大亨的老爸早几年在美国拍来。当然要送我的不是老爸珍爱的皇上纯金御筷，而是这双金御筷的放大照片。说着她把金筷照片送到我手中，随后又递过来一部书。

　　我一看，这不是我在台湾最新出版的 15 万字繁体字全彩精装本《筷箸文化大观》么？不过奇怪的是，原来《筷箸文化大观》书名，怎么变成《筷子的故事》了？这时台湾许社长说：非常抱歉，事先没经过您同意就改了书名。台湾人爱通俗，"筷箸"二字人家看不懂，故改了书名。我暗暗叹气，改得也太通俗了，看书名像儿童读物。但木已成舟，再看看装帧印刷，图文皆十分精美，不悦之情也随之烟消云散。

这时送金筷照片的张太太说：你这本书太漂亮了，15万字170多幅彩照，装帧精美，图文并茂，虽一册2 500新台币，但生意很好。我是排队买来的，麻烦你签个名。

我一面签名一面和张太太开玩笑：这书2 500新台币，折合人民币750元，这么贵的书，买了是送先生还是送儿子？不料张太太说：现在有人想方设法"去中国"，想让台湾人忘记自己是中国人。其实只要一日三餐拿着筷子吃饭，谁又能忘记自己是炎黄子孙。我买了你这本《筷子的故事》，就是要作为传家宝，让我们的儿孙永远不要忘记自己是握着筷子吃饭的中国人。

我闻听此言十分感动，忙拿出从上海带来的唐诗高级礼品筷送给张太太一盒。当她打开红缎盒盖，只见银光闪闪的筷上刻着：床前明月光，疑是地上霜；举头望明月，低头思故乡。张太太热泪盈眶地说：我是山东人，山东有句俗语：老乡见老乡，两眼泪汪汪。可我知道眼泪是无法收藏的，不过你那本《筷子的故事》和唐诗银筷，还有我老爸的皇帝金御筷都是最宝贵的收藏品，从今后我也决心做个收藏家。无论什么大佬"去中国"，总不能不用筷子吃饭吧！我的这些筷子收藏品能永远证明两岸是一脉相承的同根同源亲同胞。

这位台湾太太的肺腑之言，使我想到"收藏，做什么"？通过藏品载体，享受历史精华，享受艺术秀丽，享受工艺绝技，享受文化典雅。收藏也是一种继承、一种传播。如果有谁想割断中华民族遗产历史，谁就是民族的罪人。

■ 美国教授赶到上海买书

据主办方统计，四天签名售书，总计售出《筷子的故事》500 多册。直到我们离台返沪半年多，美国加利福尼亚大学周鸿翔教授还匆匆飞到上海找我购书。他说先到台湾，得知书已全部售罄，他从出版社得到作者地址就赶到上海。周先生刚坐定，就给我 2 000 元人民币说是要买《筷子的故事》。我说从台北只带回 10 册样书，现已送了 7 册，这也算绝版了。教授怕我不愿割爱，忙说：我很奇怪，全世界买不到箸文化的书，而你们为什么只印 1 000 册？可中国每天有十亿人拿着筷子吃。我急等着开中华饮食箸文化课，就是买不到一本书，真急死人了。有些所谓收藏家，只知道买进卖出炒古董赚大钱，为什么不为箸文化做点贡献多印几本书？

闻听此言我也深有同感，也很同情周教授，于是就转让一册《筷子的故事》，并退还 1 300 元。不料周教授说：这么一部全面探讨箸文化之作，全世界只此一部，太珍贵了，不然我也不会从美国飞到上海来。你也不要认为 2 000 元人民币售价太高，就是定价 2 000 美元我也乐意购买，这可是货真价实的箸文化专著，请你千万不要退款。

推来推去我只好另外送他一本《筷子古今谈》。此书 1993 年由中国商业出版社出版。仅 12 万字，没有装帧没有图片，却是我国有史以来第一部箸文化专著。

万事开头难，因为我们祖先三四千年来很少有箸文化资料流传后世，要想写书，史无记载，我只好天南海北、山村农寨、边疆水乡去采风，倾囊收藏古筷，搜集资料，进行对比、研究、探讨、求索，千辛万苦忙了五年，终于撰写出版了此书。不过令我感到安慰的是：经上海民间文艺家协会推荐，上报全国文联参加中国民间文艺家协会评奖，最终荣获了首届民协山花奖——全国文联颁发的优秀作品著作奖。

这里还想说一句，一个作者有很多读者向他购书，这是一种荣耀，可总是买不到书，这可不是作者的过错。现在出版社说了算，自从 1993 年出版了《筷子古今谈》后，又出版了《筷子三千年》《古今中外筷箸大观》；台湾版《筷子的故事》《筷子，不只是筷子》；英文版《中国筷子》；法文版《中国筷子艺术》《筷箸史》等。20 年中出版了八部箸文化专著，总共只印了 15 000 册。这不能怪周鸿翔教授买不到书发牢骚，他是批评我国作为世界筷箸的发源地，每天有十亿人握筷进餐，20 年只印书15 000 册，使购书者跑断腿也买不到书，这说明我们太不重视箸文化了。

■ 赴日本参会与成立上海筷箸文化促进会

我自 1978 年迷上箸文化，30 多年锲而不舍，收藏了古今中外历代筷箸 2 000 多双，筷笼筷盒、碗盘叉勺等 500 多件，并于 1998 年在虹口区文化局支持下，在多伦路文化街创办了上海民间筷箸博物馆，十多年来免费开放接待中外参观者，并在韩国、香港举办古筷展览。2007 年日本慕名邀请我赴东京，参加国际箸文化研究会成立大会。此会由日本浦谷兵刚教授发起，邀请中、韩、泰、越、缅和台湾地区共同组建成立大会，并推荐我代表中国为常务理事。

2008 年 11 月，国际箸文化研究会再次邀请我去东京参加年会。因为总共撰写出版中、英、法文 7 部箸文化专著（《筷箸史》尚未出版），并坚持克服缺少经费等困难，一直忙于在国内外办展览等故，所有理事一致评选我荣获"国际箸文化贡献赏（奖）"。

　　能在国外荣获国际大奖，本该享受荣誉乐而忘返，可我毫无沾沾自喜之情，因为我同时听到一位日本教授公开在台上演讲，手舞足蹈，宣称日本出土了 5 500 年前的筷箸，并大言不惭自称筷箸为他们国家所发明。

　　筷箸明明是中国祖先智慧的结晶，华夏民族四大发明外的又一发明，怎么突然变成日本的发明呢？其实教授先生幻灯所放出的只是骨簪，并非筷箸。现在想想堂堂大教授怎么会指鹿为马呢？其实在个别日本右派人物心目中，从中国钓鱼岛直到筷箸发明权，样样都想抢到手。我回国后，把日本抢夺我国箸文化发明权的论文寄给韩正市长，并建议迅速组建上海箸文化促进会，以捍卫祖先的筷箸发明权。

　　韩市长很重视我这封民间收藏家的来信，两周后即批转市民政局市社团局，支持我们筹办上海筷箸文化促进会。我闻风而动，经过两年多不懈努力，由市文广局主管、市社团局注册登记、我国第一家省市级的弘扬箸文化法人社团，2012 年 2 月宣告正式诞生。

　　我们在筹办过程中，接连举办了三届中华筷箸文化节，两届中华筷箸收藏展，一届箸文化书画收藏展；还举办了两届箸文化研讨会，还出版了四期《筷箸文化》小报，并由我撰稿出版了 40 万字的《筷箸史》。

■ 日本买家找我"一锅端"

我虽然算不上上档次的收藏家，但是全国没人专题收藏箸文化，这样致使我成了物以稀为贵的藏家。去年不知怎么一位金融大亨看中我，要我转让藏品，我却无动于衷，因为我对这些古筷情深似海，不愿以一双双古筷换取一张张大票。有人还劝我，何不高价卖出再低价收进，当个"职业收藏家"。

我就是死脑筋。我拿出一把清代藏族七星红珊瑚刀筷，问劝我发财者说：这刀筷能卖多少钱？他说五万元。我说给你十万，如果三个月里你能拿来大同小异的七星刀筷，我愿意把全部藏筷转让给你。事实上，这刀筷不敢说是孤品，可我 40 年来跑遍大江南北，没有发现过同样的藏品。经验告诉我，一个真正的收藏家，他无奈卖掉一件藏品，也许会后悔一辈子。就如同男人为金钱失掉心爱的女人一样，他会永远生活在精神痛苦之中。

再说前不久遇到的一件触目惊心之事：一天，一位日本大亨，带着翻译小姐找到我，说是"一锅端"的话，问我开价多少？我知道"一锅端"就是要我转让所有箸文化藏品。

这时翻译小姐敲边鼓说：蓝先生你大胆开个价，老板不会还价的，而且付现金。

闻听此言，我很淡定地笑说：我已八十高龄，钱再多我也无法带进火葬场。再说这些都是中华民族宝贵的文化遗产，出卖了这些箸文化藏品，我就成了出卖祖国遗产的不孝子孙。再说我要为了几张日币答应你一锅端，死后会不断被人骂成汉奸卖国贼！

我深深感悟到，要想成为一个真正的收藏家，必须尊重历史、尊重祖先、尊重热爱华夏民族古老的文化。玩收藏既要重藏品，更要重人品。收藏家要有文人正直的气质，千万不要见利忘义，见钱眼红，更要保持民族气节，爱国是收藏的第一要素。玩收藏的最大享受不是财富，有人问，你玩收藏有什么意思，玩了30多年，连部大众车也买不起。我的确很穷，不敢和人攀比，但玩起数千件千姿百态的古筷、奥运吉祥物等，我自认为是个富翁，越玩越开心。在很长的收藏岁月中，我享受了很多乐趣和荣誉，媒体和收藏界一直称我为"中国藏筷第一人"。在我的藏品中，的确也有些独一无二的筷箸，如一双民国初年的蛙头竹刻长筷，背后刻着一副对联：酸甜苦辣皆尝尽，为谁辛苦为谁忙。此联本是对献身人类的筷子的赞美，我自认为也是我收藏生活的写照。

千年得宠话银箸

我国为筷箸发源地，也是世界用筷箸进餐的母国，日本、越南、韩国、朝鲜等国的以筷进餐习俗，皆由我国传入。据笔者研究，筷箸可分竹、木、金属、玉石、牙骨和密胺六大类。考古发现中以铜与银箸出土为多。因竹木箸陪葬品易腐烂、玉石与牙骨陪葬品埋于地下易断易碎，只有金属箸质地坚硬，耐腐蚀，故考古出土以银箸铜箸为多。

古名医陈藏器说："铜器上汗有毒，令人生恶疮内疽。"事实证明，铜易氧化，产生铜腥气，不适于做餐具，故古代金属筷中惟银筷得宠千余年，时至今日工艺品商店中仍有银筷供应。

我们从部分考古发现的出土银箸中可证实，银箸在唐代颇为盛行。

部分唐代出土的银箸简表

出土地点	数量（支）	质地	长度（厘米）
河南洛阳涧河	2	银	15
河南偃师杏圆村	2	银	15.8
江苏丹阳丁卯桥	36	银	22.2 至 32
陕西耀县（今耀州区）背阳村	2	银	30
陕西蓝田杨家沟	3	银	33
浙江长兴下莘村	30	银	33.1

综观以上唐代出土银箸，不但数量多，箸也长，最长者竟有33.1厘米，可春秋两汉间出土的各种筷箸的长度多在17至18厘米之间。银为贵重金属，其价格仅次于金，当年铸造如此长的大量银箸，亦反映出唐代的经济与饮食文化的繁荣昌盛。

唐代银箸大多为圆柱体，如浙江长兴下莘桥、陕西蓝田杨家沟等出土银箸皆为上粗下细圆柱形。1982年，丁卯桥出土950多件银器，重约55公斤，其中除银碗、银碟、银酒筹等，银箸多达 36 支（18 双），此筷也是首粗足细的圆柱体。但笔者收藏的一双唐代银箸却是上方下圆四棱形。此银筷长28 厘米，为免得实心箸过重进餐不方便，工匠采用木胎银皮镶包工艺，虽然制作难度高了，却使这上方下圆的变形之筷增添了秀雅的神韵。此筷为 0.8×0.8 厘米四棱方头，下端圆柱直径 0.3 厘米。其最大的特点为箸顶向下 7 厘米，进餐时手握处，有 3 厘米镏金螺纹环饰。筷因长年埋于地下，出土时虽锈迹斑斑，但镏金环纹金色光泽依然可辨，由此可知唐代金银制箸工艺相当发达。

银箸从唐代起之所以得宠上千年，除了它经久耐用，色泽秀美外，主要是民间认为它能防毒。当年一些皇亲国戚、贪官污吏，怕有人在食品中投毒暗害自己，纷纷使用银筷子以防万一。《红楼梦》中王熙凤就有这方面的经验，在刘姥姥进大观园时，她给刘姥姥换了一双镶银筷，说："菜里要有毒，这银筷下去了就试得出来。"其实银筷测毒并不可靠，事实上，只有当毒物含硫化物时，才能使银筷产生硫化作用，使银失去光泽而发黑，但含硫化物并不一定都有毒，银筷经常接触蛋黄也会变黑，相反，河豚毒、毒蕈毒、发芽的马铃薯中的龙葵毒、变质的青菜中的硝酸盐等，因不产生硫化氢气体，即使银筷久久插入也不会发黑，所以古代银筷验毒之说并不科学，也不可靠。

不过，银确有杀菌作用，使用银筷是有益健康的。科学家发现，每升水中只要含银离子 2/1 000 亿克，即可杀灭水中大部分细菌。外出旅游或野外作业，无奈喝生水时，只要带有银筷，在生水中搅拌一会儿再饮用，有毒细菌即可灭除，也可免除大肠杆菌等感染。

明清时代，银筷是高雅的餐具，现在皆成为珍贵的收藏品，有的银箸更富有玩赏价值。友人李君多年前听说我收藏了数百双古筷，即夸耀说："我有双银筷乃传家宝，你也许没看到过。"闻听此言我即登门求教，果然有生以来第一次见到他祖传的清代暗钮银筷。此筷初看也显不出什么新花样，上粗下细圆柱形，银光闪闪，朴实无华，初看真以为李君有王婆卖瓜之嫌。其实此银筷的奥妙处在于筷头上之暗钮。旋开暗钮，一根筷内藏有银牙签，另一根暗藏银挖耳勺。这银筷本来很细，不说穿谁也想不到筷头上藏有机关。这不由使我对古代无名技师的独具匠心产生钦佩之情，随即请李君将此筷割爱转入我创办的藏筷馆收藏。李君婉言谢绝，他说此筷也有一妙，将暗钮内的银牙签和挖耳勺洗净，即成了菊黄蟹肥时吃大闸蟹剔肉的特殊餐具。不说不知道，一说更是宝。随之几经恳求，以相当的代价说服李君将此筷转让于我。2000 年 8 月笔者应邀赴台湾，在台北中华美食展期间举办"蓝翔藏筷收藏展"，当众多的台胞欣赏了我的暗钮银筷表演后，无不拍手叫绝。

也是在去年，10 月 25 日上海举办抗美援朝 50 周年老战士收藏展览。我所展出的另一双银筷也引起电视台记者和参观者极大的兴趣。

我是 1950 年 10 月雄赳赳气昂昂跨过鸭绿江赴朝参战的。虽然在朝鲜战场出生入死两年多，但仅仅是一个志愿军文艺战士。朝鲜战争停战后，中国人民志愿军总部给团以上干部每人发一双银筷留念，我仅是战士，当然没资格领银筷。自从我收藏古筷后，日思夜想能收藏此筷。说来也巧，赵坚同志是我的老首长，我知道他当年是团政委，即对他说："我既是志愿军，又是古筷收藏家，还是箸文化研究者，就凭这三点，请老首长将志愿军银筷转让给我。"老首长很爽快，他说："你是当前国内知名的古筷收藏家，我当然应该支持你。"这双志愿军银筷，因筷上铸有："反对美帝国主义侵略，保卫东方与世界和平"的繁体字标语，现在已成为稀有的革命文物。当我收到老首长送的银筷，情不自禁热泪盈眶，它是千万个抗美援朝战友用鲜血和生命凝聚而成的胜利纪念品，我收藏了1 700余双筷箸，这一双意义非凡，它饱含着浓浓的爱国主义和国际主义情操，在饮食文化史中应有它的特殊地位。

天赐良缘　得古箸

岁月悠悠，时光飞逝，不知不觉我所创办的国内独一无二的家庭古筷博物馆——上海民间民俗藏筷馆——已十一个年头了。如果从我收藏第一双济公佛筷算起，至今已二十一度春秋，21年来，我每时每刻都在寻求搜集古筷。作为一名筷箸收藏者，箸文化研究者，缺少实物就无探索的依据，但是要寻觅一双有价值的古箸，真比唐僧西天取经还难。

说它难，原因是多方面的，其中敝人囊中羞涩也就造成难上加难。前几年在天津古文化街发现一只清康熙年间铜盖木胎鲨鱼皮箸筒，一头放有刀、叉、箸、勺等13件象骨镶银餐具，另一头放着纯银酒杯和小碟各一对。这种蒙古族王爷所用的特有餐具组合筒，极为稀少，老板奇货可居，我三下津门一次次加价，从三千加五千，古玩铺小姐对我这土老头还是不屑一顾。后托人说情，老板狮子大开口，开价1 000美金。

如此价码，我这靠离休金生活的老者也只有望"洋"兴叹了。

寻求古筷也不仅仅是钱的问题，古箸传世确实极少，有时有钱出无货可求。所以当我获悉某人手中有宝，一般说来决不愿轻易放弃。为此我二十年来几乎跑了大半个中国，千辛万苦倾囊集筷，至今已求得古今中外筷箸 900 多种，总计 1 500 余双。

说来天赐良缘，去年偶尔在上海东台路古玩市场发现八双十分稀有的双头镶银竹筷，眼睛为之一亮。我一问价钱，又吓了一跳，开价4 500元，算来约 550 元一双。摊主说："明代的镶银古筷，价钱当然高了。"我看中这八双筷子，并非从年份考虑，主要是每根筷上都刻有诗句。

古代象牙筷上常刻有山水、花鸟和人物。也有的刻对联，一根筷上刻上联，另一根刻下联，非常清楚，一目了然。筷上刻诗之所以少，因一首诗四行，刻在筷上字太多难处理。可这开价昂贵的八双镶银竹筷，精妙别致之处在于上方下圆的筷上一面刻一行诗，四楞筷四面正好刻一首七绝。令我高兴的是八双竹筷十六根，每根筷上的诗句不同，这就是说，如果我买下这八双竹刻镶银筷，也就买到十六首古诗。更使我激动的是这十六首诗的内容皆与饮食有关，多数咏唱筷箸。

明代诗人程良规曾写有一首《咏竹箸》。"殷勤问竹箸，甘苦乐先尝？滋味他人好，乐空来去忙。"古代吟诵筷箸的诗，实在极少，笔者因撰写《筷子古今谈》一书，查了一些古籍，也没能查到几首。现在如果能从这八双竹刻筷中找到几首咏箸之作，这岂非"踏破铁鞋无觅处，得来全不费功夫"。于是我下决心千方百计买下此筷。前前后后三个月，跑来跑去十多次，经过讨价还价，最后以我刚出版的一部新书所有的稿酬，高价买下了这八双明代四楞镶银刻诗竹箸。

上下方圆体度彰，借用而筹定大纲。

劝君到手休轻掷，却将天地尽包藏。

这是从刚买的筷上抄下来的一首诗。一看便知无名诗人在赞扬古箸。诗的第二行，说的是楚汉相争，张良以箸为刘邦筹划分封六国的大计，也就是史书上说的"借箸划策"的典故。

盘餐聊表故人情，何妨假手试调烹。

世味嚼来原自淡，挟具休嫌竹削成。

筷，古称箸，又称挟。这根筷上的诗更通俗，但俗不伤雅，细细"嚼"来，通过咏筷也道出人生处世的哲理。

篇幅有限，无法将筷上十六首诗一一抄录品评，但我在二十一年集筷生涯中，能觅到这八双内涵隽永、楷书秀雅、四面刻诗、独特稀有的镶银古箸，真可谓如获至宝、幸运有缘。可是在兴奋、激动之后，探讨考证这十六首咏箸绝句的艰苦工作正等待着我，我愿在有生之年为弘扬箸文化、饮食文化多做点小小的贡献。

古筷结瓷缘

笔者研究筷箸文化已 30 余年，今年元宵节期间，笔者发起创办的上海筷箸文化促进会经市文化广播局批准正式成立，这也是全国第一家弘扬筷箸文化的市级法人社团。消息一经传开，位于上海多伦路文化街的藏筷馆便迎来了更多的参观者。

不久前，有两位女士，在欣赏了古今中外的筷箸藏品后，对一只 58 厘米高的花耳粉彩大瓶产生了兴趣，一再要求笔者转让。笔者谢绝了，原因就在于这件瓶子上有四双筷子。

这只花耳粉彩瓶原为百年前书香门第客厅条几上必不可少的陈列品，其精美之处就在于瓶腹上的画面。画中主角为一少妇，正持筷给站筒中的幼儿喂饭。在她身后，一小儿正在手持筷子自顾自地扒饭。八仙桌对面，也有一子一手拿空碗、一手持筷，等待着妈妈为其添饭。旁边坐一老者，端碗持筷吃得正香。

记得15年前，常熟市收藏家协会举办成立大会，主办方准备了一批瓷器供到场嘉宾选购留念。众多器物中，笔者独独就挑中了此件已经有了裂纹的瓷瓶。藏友见笔者选了一件残破瓷器都感到有些奇怪，因为自古以来很多藏家对于有破损的瓷器都是不屑一顾。而痴迷收藏古筷多年的笔者完全被此残瓶上的四双筷子吸引了。经常出入古玩市场的笔者，瓶瓶罐罐见过不少，但这种老少三代用筷进餐的生动画面还是头一次见，所以便有如获至宝的感觉。

笔者深爱此瓶还有一个原因，就是它出自名家之手。画中笔韵流畅，人物神态栩栩如生。四个孩童稚幼可爱，憨态可掬；少妇端庄秀美，一举一动充满了母爱；老爷爷则是和善慈祥。值得一提的是，画面中还出现了一只狗和两只鸡，使整个画面显得更加生动活泼，富有浓浓的生活情趣。

瓶的右上角有行书题诗："昼出耘田夜绩麻，村庄儿女各当家。童孙未解供耕织，也傍桑阴学种瓜。"落款："癸丑季夏王琦写于珠山"。据《景德镇陶瓷史稿》载："珠山八友以王琦为首。"作为我国绘瓷史上的名家和一个重要流派，"道义相交信有因，珠山结社志图新"，王大凡的这一诗句正是珠山八友的艺术宣言。正因此瓶上的四双筷子出自1913年王琦之手，所以才成了藏筷馆的陈列精品。

五台山寻箸

我自从1978年收藏了第一双济公佛筷，即对与佛结缘的筷子产生了兴趣，曾到普贤道场峨眉山、观音道场普陀山、地藏王道场九华山去求筷觅宝，至今已跑了大半个中国，锲而不舍踏上藏筷之旅已28度春秋。现已珍藏古今中外各种名筷2 000多双。

■ 文殊道场再寻筷

1993年6月我特地去文殊道场觅宝。6月天上海已是初夏，而五台山却冷得发抖，无奈，我只得向小旅馆老板借了长袖衫和长裤才能出门。但跑遍五台山买不到我所求的六楞木筷，实在有点失望。

令人奇怪的是，几十个旅馆小店家家都在卖乌木筷，每盒十双。盒上印着同样的文殊菩萨像。乌木是木质筷中最高档的材料。货硬分量重，可眼前的这种乌木筷拿在手上很轻，颜色也是染的，明显是假货，我特地买了两双找到五台山上一家旅馆工艺品商店经理，不客气地指出这种乌木筷是假的，经理当即表示此货不是他们的产品。

我其实并非为打假而来，不过借此为由找经理求六楞木筷。经理说："六楞木是我们五台山的特产，可我们只拿它做佛珠和手杖，从来不做筷子。"

我告诉经理，解放前，北京的烤肉季、烤肉宛两家名店，当时吃烤肉所用的就是六楞木筷。此筷比两根普通筷还长，用这种长筷在铁炙子上烤肉不烫手，筷也不易烧坏。

■ 六楞木乃降龙木

经理闻听此言，立即对我肃然起敬，看了我的名片，忙称我是筷子专家。我之所以向他介绍六楞木，并非摆老资格，仅仅为了向他求六楞木筷而已。我为了动员经理能给我找到六楞木筷，又说了六楞木与杨家将的故事。

相传六楞木在宋代称降龙木，当年杨家将大破天门阵，杨宗保向穆桂英借降龙木破阵，实际上借的就是六楞木。所谓六楞木，因枝杆上有六道楞而得名。我建议，五台山若以六楞木特产制筷，准能名利双收，创出名牌。经理紧紧握着我的手说："真谢谢老先生，但是我们现在实在拿不出六楞木筷，我就送你两根六楞木手杖吧！"

■ 终于收藏到六楞木筷

不过，我后来果真收藏了两双六楞木筷。十年前我偶然在《中国文化报》看到一篇介绍六楞木的文章，即写信给作者周鸿声先生，向他求购六楞木筷。周先生很热情，他与家乡涞源县县长是好友，后通过县长在穆桂英的老家穆珂寨，请人从树上砍下两根六楞木，特为我做了两双六楞木筷寄到上海。我如获至宝，常向来宾展示这两双千方百计求来的六楞木筷。

喜藏绿松石箸

笔者收藏古筷 20 多年，在收藏 10 多双玉箸中，有两双绿松石筷可算得上名贵的藏品。

绿松石是玉石中的宝石，因其为含水的铜铝磷酸盐，形状又似松球果，而颜色为或深或淡的绿色，故名绿松石。

绿松石古称甸子。据《石雅》载：甸子之名始见于元，元史称碧甸子或郎甸子，而绿松石之名始于清代。又据《清会图考》记载："皇帝朝珠杂饰、惟天坛用青金石、地坛用密珀，日坛用珊瑚，月坛用绿松石。"

绿松石为一种不透明的玉石类宝石，因产量少，古代主要用以作首饰品镶嵌或雕刻成工艺品等，而用以制筷极少。因筷箸细长，将大料剖成长筷，十分耗料，又卖不出高价，所以要收藏一双绿松石筷好似大海捞针。

20年前我在上海一家古玩店，发现两双绿色筷，心想梦寐已久的绿松筷总算露面了，欣喜万分。可待店员从玻璃柜中取出仔细一瞧，真乃老眼昏花一场空欢喜，这不是绿松筷而虬角筷。虬角俗称海象牙，绿色为人工所染，而绿松古筷为天然绿色，色泽柔和秀美，令人爱不释手。

绿松石色彩多，有天蓝、海蓝、翠绿、草果绿之分。制筷天蓝最佳，蓝绿、草绿次之，淡绿、灰蓝为三等。

其实早在50多年前，绿松石筷已绝迹市场，笔者为寻找绿松古筷，几乎跑了大半个中国，却不见芳踪倩影。说来也巧，真是天无绝人之路，大约十七八年前，我偶然在上海一偏僻旧货小摊上发现一双宋代的绿松石筷，那蓝蓝的色彩中泛着绿光，虽说岁月悠久，光泽依然令人赏心悦目。老板说，这是"文革"中某收藏家抄家散漏藏品，我于是以高价购藏。此筷长仅21厘米，圆柱体，无装饰刻纹，更显古朴无华之美。

绿松石的色泽，有雨过天晴之美，非常诱人。明清时代，蒙古族、藏族的首领，喜爱用绿松石镶嵌宝刀刀柄和佩饰工艺品。我珍藏的另一双宋代绿松石之箸，是 10 多年前在苏州逛古玩市场发现，当时眼睛为之一亮，我如获至宝，立即高价买下，生怕失之交臂。

此筷和前一双所购之筷大同小异，上端直径 0.5 厘米，下部 0.3 厘米，箸顶刻有一环形纹。此箸原为天蓝色，但因经过七八百年的岁月洗礼，颜色变淡，虽说褪色美中不足，但物以稀为贵，要想求不变色之绿松石古筷，实难于上青天，所以我辈能珍藏两双饱经沧桑之绿松石箸，闲时玩味一番，实老有所乐也。

筷箸收藏雅趣

早几年对筷子发生兴趣，有意玩赏。当笔者开始集筷时，有人不屑一顾，认为筷子不过是吃饭的餐具，不登大雅之堂的两根小玩意而已。其实不然，我国筷子的历史十分悠久，《韩非子·喻老》中有"纣为象箸"的记载，时在公元前 1144 年左右。古时筷子的种类也非常之多，如玉筷、牙箸、镶银筷、雕花筷等等，寓精工奇巧于平凡之中。可见中国的筷子有着很高的艺术和文物价值。

我国"筷"有多种名称，最早称筴、提筴、櫡、梜、筋等。魏时又称筯，隋唐即统一以箸为名。

象箸，是以象牙锯剖成条精工雕制而成的筷子，这种筷箸不但是餐具，也是工艺品。而后历代帝王所用御筷愈见精美豪华。历代皇帝不仅用金箸玉筷进膳，还常常将其赏赐王公大臣，以示恩宠。传说唐玄宗在一次御宴上将手中的金箸赏给宰相宋璟，道："非赐汝金，盖赐卿以箸，表卿之直耳。"

我有幸收藏了一双清代虬角镶金箸。全长23.5厘米，筷头镶2厘米金圆顶帽，中镶1.3厘米金环，下镶7厘米金套。在翠绿的海象牙圆柱筷上三镶金饰，显现了豪华至尊的皇家气派。

我国自古就有尚玉的传统，然因玉质脆而易断，故玉筷少而难得。据乾隆二十一年十月，清宫总管等奉旨清理御膳房餐具，有"底档"可查的玉箸是汉玉镶嵌紫檀商丝银箸，紫檀金银商丝嵌玛瑙金筷等。我在避暑山庄还欣赏过松石顶金镶牙箸。我的藏品中也有松石筷。一双长21.2厘米。圆柱形，通体素洁无纹，其色泽蓝中透绿，赏心悦目。另一双所不同的是筷顶呈圆帽状，下端刻有二道环饰，筷体天蓝色并有隐晶质天然肾状花纹。其光泽之鲜嫩，质地之细腻，更胜于前者。

筷箸中，竹筷最普通。然青竹辅以精刻，却如出水芙蓉，清雅高洁，超凡脱俗。笔者珍藏有两副竹刻夫妻对筷，是主人乙亥年（1935年）结婚时重金礼聘嘉定竹刻名师所创作。一双竹面刻"金玉之心，芝兰之气；仁义为友，道德为师。"反面刻唐明皇游月宫图。另一双竹面刻联："好鸟枝头亦朋友，落花水面皆文章。"竹心刻"诸葛亮借东风图"。《游月宫》和《借东风》皆是戏文，人物众多的戏剧场面浓缩于两筷相并仅有的1.5厘米宽之小小天地间，然人物之须眉，衣褶细若发丝，精妙绝伦。所刻诗句，字体用双勾细刻，更是潇洒流畅，秀劲神雅。凡是欣赏过此筷者无不赞其巧夺天工。

以上所述乃江南筷之精品，大多具有清秀柔美，绮丽多姿的风格。我还搜集了一些满蒙风格的刀、筷，则具有雄豪奇瑰的北国雄风。清代富有民族特色的餐具解手刀，我藏有多把，其中以带有双鱼银饰珊瑚腰钩的一把最为完整，乃大清王朝满蒙大臣佩带之物。另一把黑鲨皮刀鞘正中有朵桃形象牙花饰，可此花能抽出，花下雕有长约8厘米特制象牙扁牙签，这种牙签暗藏于鞘内的设计确也别致。

我的藏品中还有清康熙年间的十三件箸筒。箸筒长34厘米，铜筒木胎鲨鱼皮镶包，黑底白点，柔滑锃亮，古朴奇丽。

箸筒分上下双头分装餐具。大头藏有筷两双、勺两把、叉两柄及餐刀、长象牙牙签及夹毛钳一把。小头藏有银酒盅两只，小银盘一对。这种筷叉勺皆为象骨镶银精制。此筒之妙每件皆有固定安放位置，用毕插在原处，盖上铜盖，挂于马背，出游远行，既不摇也不响，携带方便，易于保藏，小餐具不会遗失也不会损伤。以前总认为组合餐具是欧美国家的专利，其实清代满蒙皇亲国戚早在300多年前已自行设计了富有民族风格而又独特精美的组合箸筒。这些当年豪华餐具，除了具有玩赏价值，更具有研究中华饮食文化的特有文物价值。

古代金筷为宫廷所垄断，王府贵族大多用银筷。1982年镇江东郊丁卯桥出土90余件唐代银器，其中除银碗、银碟、酒筹等，银箸多达40余双。银筷所以得宠上千年，除经久耐用，色泽秀美外，主要认为它能防毒。我收藏的银筷有多双，除唐代鎏金银箸，清代麻花型银筷，民国初年錾花银筷外，值得一提的是暗钮银筷。这原是友人传家之物，已传了八九代，经我多次恳求才割爱让我。

虎头暗八仙特长红木巨筷

1988年我创办了家庭藏筷馆，新华社特向全国发专讯，人民日报、西安晚报等五六十家报刊以"蓝翔建立个人藏筷博物馆"为题，转载了新华社电讯，引来了大批的中外参观者。岁月飞逝，弹指一挥间，藏筷馆已创办十年。为了欢庆全国独一无二的藏筷馆创馆十周年，我年初就四方奔走，想特制一双红木巨筷作为十周年馆藏纪念。筷长定为 199.8 厘米，象征 1998 年。可是我想找两根 2 米的红木长料，十分困难，经过几个月的东跑西颠，总算在一家古玩市场发现两根红木床的边框，长度也够尺寸，正面看光泽滑润，价钱也不算太贵，当时心中十分高兴，真可谓踏破铁鞋无觅处，得来全不费功夫。可是反面一瞧，大失所望，反面穿棕棚一排排洞眼密密麻麻，这当然无法制筷，结果空欢喜一场。

正当我一筹莫展之际，说来也巧，宁波士林工艺品公司王剑勤总经理正巧慕名来访，我们虽素不相识，但他们公司以生产印花竹箸出口日本为主，而我藏筷 20 年，并撰写出版了我国有史以来的第一部箸文化探讨专著——《筷子古今谈》。正因我们都是"筷子迷"，所以一见如故，谈到深更半夜毫无倦意。

当王总听说我在筹办"蓝翔藏筷馆十周年回顾展"正在寻找红木长料时，王总非常慷慨，当即答应将他藏了十多年

的红木长料割爱于我，并百忙中亲自为我设计长筷。除了筷
长定为199.8厘米，象征1998年外，这双红木特长筷顶雕刻
猛虎，象征虎年。此筷上方下圆，在虎头下端每根筷子正好
四面，一双为八面，王总设计很妙，以螺钿镶嵌暗八仙图饰。
"八仙"是我国民间传说中神通广大的八位仙人，他们每人身
上有一件法宝，都是民间吉祥物，相传有镇妖驱邪之功。如
铁拐李的葫芦，吕洞宾的宝剑等，在传统的瓷器、竹雕木雕
古玩中都有刻绘。这种图饰俗称暗八仙。

　　王总设计工艺品经验丰富，他特将韩湘子的笛子、蓝采
和的花篮等法器，在四棱筷的每面镶嵌一件，八面正好镶八
件，光彩夺目，实属妙手天成。在暗八仙的下面，还刻有吟
唱筷箸的对联，另一面镶嵌长幅花鸟螺钿和黄阳木浮雕图
案等。

　　现在这双别有韵味，由王剑勤先生精心设计、监制的中
国第一双虎头螺钿暗八仙特长红木巨筷，正在上海申请吉尼
斯世界记录，自十一月廿八日回顾展开幕日起，这双虎头特
长红木螺钿基尼斯之最大筷王，将在展览会上公开展示。同
时展出的还有一双清代银链盘长珐琅小筷，仅有7厘米，比特
长红木大筷的零头长度还差1厘米。这是清代民间催生吉祥

物。当百年前妇女怀孕五六个月时，娘家人要送这种催生银链小筷，讨"筷子筷子，快生贵子"的好口彩，以便母子能平安顺产。

此次蓝翔藏筷馆十周年回顾展，将这一大一小相差 1.91 米的两双珍贵收藏品放在一起展览，定会引起参观者的极大兴趣。

荣获吉尼斯新记录之虎头暗把仙螺钿红木特长巨筷，长 199.8 厘米，象征 1998 年，重 7.5 千克。收藏者蓝翔（右）和设计制造者王剑勤（左）正讨论其精美工艺。

情趣风雅蟹八件

早在周代，蟹就是人们口中的美味。由《周礼·天官冢牢·庖人》及晋代吕忱《字林》中的记载可知，我国已有两千七八百年的吃蟹历史。

古诗称吃蟹为"持螯"。《世说新语·任诞》载有"毕茂世云，一手持蟹螯，一手持酒杯，拍浮酒池中，便足了一生"。从毕茂世持螯形象来看，晋代吃蟹全靠手和牙齿。

刘若愚《明宫史》记载"八月始造新酒，蟹始肥。凡宫眷内臣吃蟹，活洗净，用蒲包蒸熟，五六成群，攒坐共食，嬉嬉笑笑。自揭脐盖，细细用指甲挑剔，蘸醋蒜以佐酒"。看来，从东晋直到明代，吃蟹还是靠手。筷子这种餐具虽然十分巧妙，对于吃蟹，可以说是英雄无用武之地。仅从"自揭脐盖，细细用指甲挑剔……"来看，既不卫生，也很费劲，形象更不雅观。

根据有关资料可知，明代最初发明食蟹工具的人，名叫漕书，他为了使吃蟹不再麻烦，吃得畅快，制造了锤、刀、钳三件工具来对付蟹的硬壳，后来逐渐发展到八件。其实由明代至民国初年，吃蟹工具并非固定为八件，蟹四件、六件、八件、十件都有，最多为十二件。后来这种工具越造花样越多，其主要目的是让吃蟹的官宦富商、文人墨客吃出情趣。笔者早在十多年前就开始搜寻蟹八件，跑了大半个中国，终于重金购得一套清代的蟹八件，计有锤、匙、刮、钩、斧、箸、镊、镦。我收藏的另一套蟹四件，为针、锯、叉、刀，这套工具制作工艺特别考究，四件都装有用牛角制成的柄，不但造型精美，使用起来柔润光滑，手感极为舒适。

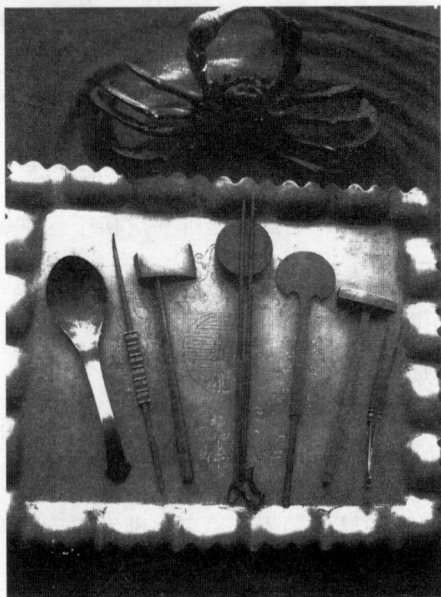

古人发明食蟹工具后，吃蟹成了一件文雅而潇洒的饮食活动。以多种小巧玲珑的工具食蟹，可以说是一种闲情逸致

的文化享受。明清时代的文人雅士举行蟹宴，不仅仅是吃螯咬腿、解馋饕食，而是以品蟹、饮酒、赏菊、吟诗为金秋风流雅事。这种吃蟹的乐趣在《红楼梦》曹雪芹笔下有充分的描述。

明清的蟹八件大多以黄铜制作，也有以银和白铜精制的，但从实用性来说，黄铜坚固，敲蟹壳不易受损，银质软，虽闪闪发光，很漂亮，但经不起敲击。故有诗赞曰：

> 锤敲蟹壳"唱八件"，
> 金锯剖螯举筋鲜。
> 吟诗赏菊人未醉，
> 舞钩玩镊乐似仙。

题箸画筷喜收藏　一张书画万般情

因外公钱食芝是国画名家李可染的启蒙老师，舅公也是画家，受其影响，我自幼即爱书画。但出于经济原因，玩不起名画，最后走上古筷收藏之路。然而，爱字爱画之情依然魂牵梦萦，于是想出鱼与熊掌兼而得之的穷办法，就是求书画不求名家书画，只要与箸文化相关的作品，不论是专业还是业余，皆属我收藏之例。

　　我得到的第一幅作品，为著名作家叶永烈所赠。1987年他得知我是国内唯一的藏筷者，即兴临寒舍采访，先以《筷子述》发表在《青年一代》杂志，后又以《筷子万岁》为题，先后在美国、泰国及台湾地区发表采访我藏筷的文章。1988年我创办了国内唯一的藏筷馆，叶永烈先生闻讯亲笔题写了"筷乐"篆体字相赠，以表祝贺。

　　冯骥才先生也送我一幅字（见彩图27）。前几年他在上海美术馆举办画展，我受邀出席开幕式。说来也巧，他画展办在二楼，我的筷展办在三楼。我趁邀请他参观藏筷的良机，顺便请他为藏筷馆题词。他没有名人架子，两周后，这位集作家、书画家于一身的冯骥才先生就从天津寄来了一幅五绝诗：

　　　　莫道筷箸小，日月伴君餐。

　　　　千年甘苦史，都在双筷间。

　　冯先生高大魁梧，人称"大冯"，他的赠书在我的五六十幅收藏品中为最大的中堂，这真是大冯大手笔也。

　　我15岁就迷上著名电影表演艺术家谢添的电影，不但是他半个世纪的发烧友，还迷上他的倒笔书法。经人介绍认识谢添后，因他也是美食家，对我的藏筷也很欣赏，于是大笔挥挥，写下"筷迷快乐"四个大字（见彩图 31），赠我留念，我即以《筷子三千年》著作回赠。谢老不幸已于 2003 年 12 月 13 日去世，借此对这位 89 岁老明星表示怀念。

筷子是最先进的用餐工具是一是淳文化的一大特征。

筷子博物馆惠存

杜宣

著名剧作家、上海戏剧家协会老主席杜宣，抗战时就收藏烟斗，我曾采访过他，为他写过一篇《收藏烟斗的剧作家》。当杜老知道我举办《藏筷十周年回顾展览》时，随之写下"筷子是先进的用餐工具，是汉文化的一大特征"（见上图）条幅贺赠，我立即装裱挂于展厅，深受观众好评。

2003年，著名作家白桦应我请求为藏筷馆题写一横幅："两根木筷千般技艺，一排皓齿万种风情。""好！好！"一位日本汉学家来参观，见了白桦题对连声叫好，称赞白桦不愧为诗人，题联充满了诗情画意。

我还收藏了一副已故徐州诗词协会会长苏辛洁的亲笔对联："一笼藏日月，双筷起炎黄。"（见彩图28）凡是欣赏过此联者，皆拍手叫绝，仅十个字，竟将"日月""炎黄"上下五千年的箸文化悠久历史进行艺术概括。因字好联妙，我于是特制成木匾楹联钉在藏筷馆大门上。说来不信，一位香港收藏家十分欣赏此联，要出高价收藏此联，我婉言谢绝，传出去蓝翔拆大门卖钱，这岂不让人笑掉大牙？

2000年8月我应邀赴台湾办筷展，我很想带一些吟箸书画作品与古筷同时展出，多次获奖的著名画家石银贵闻讯特地送来一幅中堂，忙展开一看，眼前为之一亮，没想到石先生竟然在画上一气画了六双古筷，既有红珊瑚筷，又有绿松石箸，还有晶莹的玉筷、乳白色象牙筷等，五双色彩缤纷之筷皆插于一长寿吉祥金纹的瓷筷笼中。画家构思精妙，他特地在箸笼旁画了一双紫檀三镶金箸枕于玉鱼筷架上，金光闪闪，极富豪气（见下图）。

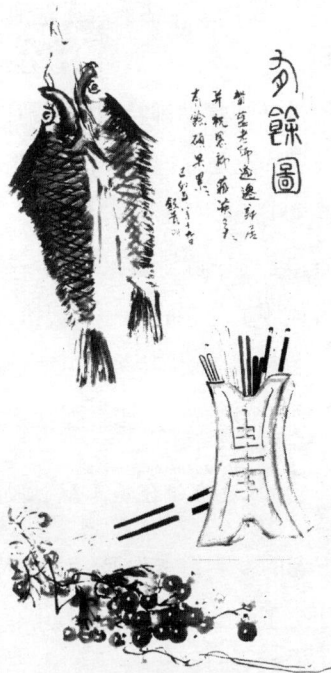

俗话说，红花虽好还要绿叶相衬，画家不仅画了六六大顺六双古筷，还在画的左上角画了一浓一淡两条大鱼。鱼者，余也，画家赠送此画祝福寓意藏筷馆年年有余哉！

去台湾前，我还印了五盒名片，为突出古筷收藏主题，特将新民晚报漫画专栏名家戴逸如为我画的满脸胡茬，手握一双吉尼斯纪录特长红木巨筷立于大圆盘中的秃头漫画像，缩小印于名片背后。在台湾办筷展时，数万台胞参观者，无论对展出的古筷还是书画藏品都特别感兴趣，就连印有戴逸如为我所画的漫画名片也是你抢他夺，500 张名片很快发完，无奈只得又添印了 500 张。

从台湾回来后，老画家滕玉梦又送我一幅《五子夺魁》。画面所画的五个古代顽童，夺的是一双银筷，他们夺筷不是为吃饭解馋，因为此筷为游戏优胜奖品，故而奋勇争夺。

这真是：题箸画筷喜收藏，一张书画万般情。

古人也有组合餐具盒

筷子是我国古老的发明，古称箸，中国人以筷进餐已有3000 多年的悠久历史了。虽说我们的餐具中也有刀、叉、勺，但开宴会时总是以筷子打先锋。

　　收藏者大多不安于现状，好比我，早在 20 多年前开始爱上箸文化时就在想，我国古代是否会有组合餐具盒？一面想，一面在大江南北觅宝，但找来找去一无所获。

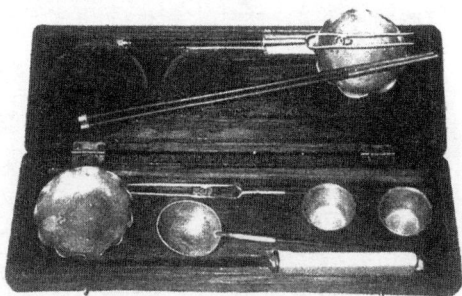

清代乌木镶银十件箸盒

　　说来也巧，1990 年北京文物局举办民间京沪收藏联展，我也应邀以古筷参展。开幕式后，我们上海来的藏友都急不可待地去古玩市场觅宝。20 多年前的潘家园还是一片荒地，要想收藏古玩都得去琉璃厂。

　　我一门心思想找古代组合餐具，可找了 20 多家古玩店却一无所获。正在失望之际，我却在一家小店内发现了一件其貌不扬的长方形木盒，非常希望这件木盒中就有我心仪已久的藏品。打开盒盖果然出现奇迹，首先进入眼帘的是蛋形银勺，镶的是竹柄，还有一把长 26 厘米的餐刀。再仔细看，木盒槽中还有两双筷子、两把叉子、两只荷叶边小银碟和一对八角方形小酒杯。老板称它为清代十件餐具盒，经过讨价还价，我急不可待地收藏了这梦寐以求的 300 年前的蒙古族组合餐具盒。

收藏只有通过探讨，弄清藏品的来龙去脉才能引起我的兴趣。为此，我查找了一些资料，得知这件餐具盒是为清代蒙古族头人、贵族阶层所特制的。

蒙古族为游牧民族，早在三四百年前，他们分散居住在大草原的蒙古包中，因没有厨房，餐具都放在特制的木盒中。由于放牧需要经常搬迁，简单的生活用品需要很方便能装上马车搬运。贵族老爷、头人等骑马上路，这种十件餐具盒则挂于马背上，开饭时由奴仆在路边铺上毡垫，把牛羊肉等端上来，打开餐盒刀筷并用，夫妇或兄弟两人即可酒足饭饱。

这些餐具既实用又精美，刀、叉、勺、筷之柄皆为棕竹镶银制成。棕竹筷为竹筷中精品，筷上有褐色细丝，纹理细腻，光泽柔美悦目。

我收藏这餐盒中之筷长 25 厘米，下镶银套、上镶银帽；叉、勺和刀之柄也为棕竹精制。竹筷镶银的优点在于银有验毒、杀菌功效，因蒙古族多在野外进餐，烹饪难以煮熟烧透，故喜爱用银餐具进食，也可起到防病作用。

不过我认为，收藏了这件清代餐具盒最大的收获在于提高了我对饮食文化的认识。以前总以为刀叉勺组合餐具是西方人的专用，自从收藏了此餐盒才茅塞顿开，知道了我国早在四五百年前蒙古族已制造了组合餐具盒，中国博大精深的饮食文化的确让人自豪。

百年前台湾高山族老酋长雕刻的木餐具

2000 年 8 月，笔者应台北美食展邀请，在台北世贸大厦举办古筷展览。展览结束后，台湾美食天下出版社许社长知道我有访问高山族乡民和收藏台北土著餐具的愿望，即开车陪我到离台北市区 28 公里的乌来县。这里是著名的瀑布风景区，同时也是高山族泰雅人的原居住区域。

刚进入一家工艺品小店，一位穿着民族红马夹的女店主即笑脸相迎。她是泰雅酋长的孙女，听说我是大陆来的古筷收藏家，便领我登上小楼。这里虽说民俗品琳琅满目，但总有些现代化味道。这时，不高的屋顶横梁上挂的一排老餐具，令我眼前一亮。

这套老餐具（见下图）由六件雕品组成，式样怪异，风格独特，我在内地从没见过；计有木刀、圆勺、四齿叉、蛋形匙等，每件 40 厘米左右。当时对这套台湾民族餐具一见钟情，忙问价决心收藏。可女店主连连摇头。原来，她的祖父老酋长生前曾雕过三套木餐具：一套在日本占领台湾时被鬼子兵抢去；另一套在 50 多年前被人买走；现在这一套是他父亲病逝前留下的传家宝，因此格外珍惜。

陪同的许社长见多识广，他说泰雅人擅长雕刻，手艺十分高明，故他们喜爱在装饰品、日用品、乐器、门窗等处刻粗犷的花纹，特别爱在木餐具上刻人物和动物图纹，这是高山族泰雅人的习俗。听完介绍，再看这船桨似的饭抄板柄头上果然刻了半身人像。其他叉勺上也都刻有人物形象，有的沉思，有的远眺，还有的刻着牛头，怪的是四齿叉柄头上还刻了小木屋……

这套老餐具，充溢着浓郁高山族民俗风格，我越看越喜欢。在许社长的一再动员下，加之我主动加价，泰雅小姐知我是真心求之，也受到感动，最后表示同意转让。

研究箸文化 30 多年，我收藏了汉满回藏各族筷箸餐具 2 000 多双，可是台湾高山族百年餐具只此一套。它不仅成为那次台湾之行的珍贵纪念，也是两岸同胞友谊交流的见证。

八十年前上海流行提盒

今年市民文化节很热闹，我两次报名参加春季夏季收藏展。现在又开展秋季展，我找出这很少见的老家什参展。七八十年前，在抗日战争前后，这种高 44 厘米、直径 13 厘米的六层提盒，曾风靡上海滩，显示出它在海派饮食文化中独特的意义。

那时各大商店公司中午大多吃包饭，由饭店准时送来，店伙和账房先吃，吃完学徒再吃。回顾当年大小二厂都没有食堂，中午工人自己带饭，怎么带？就用这种提盒带。一些小店两三个伙计和学校女教师等也带饭。特别是清晨上班路上这种彩色提盒在大街小巷川流不息，形成了上海一种特殊的街景。

这提盒何人设计已无从查考，不过携带方便很实用而功能齐全，共六层。底层较大可盛饭冲汤，二三四层可盛菜放馒头糕点和稀饭等。第五层是碟子，也起到盖子作用，当年工人吃饭没桌子，四处打游击，这小碟子也可起到放鱼刺放骨头作用。最妙是第六层，它是一个倒扣的碗；下面四层两边都有方格小攀。便于铁提夹从两边一层层穿进小攀，到了顶端提夹形如"而"字形：最上面一横木棍为拎手，下面分为"六"字岔状。这碗底设计了一个小圆碟，反扣之碗扣在第五层圆碟中，上面以"六"状钩扣紧碗底小圆碟，这样利用金属提夹层层相扣和提夹的弹力作用，使提盒提在手中稳稳当当。开饭时搬开"六"字句，将碗反过来即可盛饭，十分便当。

七八十年前，以碳酸钠涂在铁皮上，烧制成的搪瓷工艺刚从国外引进，既可防锈色彩又精美，比以前用铜盒、竹木提盒轻巧多了，故深受纺织和其他女工、女教师等欢迎。

自古以来中华美食名扬天下。清代美食家袁枚曾写下"美食不如美器"名言。确实如此，我国古代的青铜鼎、唐三彩双鱼壶、北宋耀州窑青釉刻花牡丹纹盖碗、唐代鎏金银箸等，现在都成了古玩收藏品。

　　大约20年前，我在周庄水乡旅游，巧遇台湾作家、收藏家三毛，在古玩店中买这种搪瓷古董提盒，她是民俗收藏家，对刀叉勺、碗碟、瓶壶瓷罐等特别感兴趣。受三毛启发，我回到上海也买了这个六层蓝花搪瓷提盒收藏至今。我不是赶时髦，主要是看到提盒的提夹上插了一双象牙筷。我是筷子迷，收藏研究箸文化30多年，发现这提盒的设计者很巧妙地给筷子安排了一席之地，既不占地方，筷子又不会遗失损坏，这独特绝妙的构思，令我这筷箸收藏者如获至宝，连价也不还，毫不犹豫地付款将这提盒拎回家中。

藏筷在日本获奖

　　我在"文革"后的1978年开始收藏筷子时，亲友都认为这吃饭的两根小棍棍家家都有，毫无收藏价值。其实筷子古称箸，是我国古老的发明。《韩非子》载：商纣王早在公元前1144年前后就以象牙箸进餐了。如此说明，我国有文字记载的用筷历史已有3100多年。其实原始箸的诞生约在大禹时代，至今已有4000多年的悠久历史。

我收藏探讨箸文化 30 年，千方百计收藏了西汉青铜箸、唐代鎏金银箸、宋代绿松玉箸、元代牙帽棕竹箸、明代乳头镶银象牙箸、清代满族双鱼戏珠腰钩刀筷、藏族七星珊瑚刀筷等等，计有 2000 多双。另外还收藏了日、韩、泰、越南等国筷箸，并创办了我国独一无二的上海民间筷箸博物馆。

为此，日本箸文化专家浦谷兵刚 2007 年邀请我飞赴东京，由日、中、韩、泰、越南、缅甸六国和我国台湾地区共同组建国际箸文化研究会。浦谷兵刚当选社长，我也当选为常务理事。

2008 年 11 月 11 日，研究会举行第一届年会，大会一致通过了每年 11 月 11 日为"国际箸文化日"，因为阿拉伯字 11 正好像一双筷箸。

另外，在这次研究会上，清华大学美术学院周剑石教授，认为蓝翔是中国箸文化学者，千辛万苦锲而不舍收藏古今中外筷箸 2000 多双，1993 年撰写出版了我国有史以来的第一部箸文化专著《筷子古今谈》及《中国筷子》英文版和法文版等六部筷箸学术作品，并应邀在

日本、韩国以及中国各大省市展示古筷，30年如一日的为弘扬箸文化作出种种努力。为此，我和另一位台湾吕雪峰女士荣幸地获得仅有的两位"国际箸文化贡献赏"奖。

该项以表彰各国研究探讨箸文化突出成绩的专家学者的"国际箸文化贡献赏"，除了奖状还有一件别致的奖品，这是东京艺术大学漆艺研究室三田村有纯教授精心设计的艺术品。它由22厘米高的丰碑式座架和41厘米长的涂箸两件组合。三田村先生是日本著名漆艺家，所以这套金光闪闪漆箸奖品令人爱不释手，对我来说既有收藏价值，更有国际文化价值。

我能作为"国际箸文化贡献赏"中国获奖每一人，深受鼓舞和荣幸，这是改革开放英明政策给我带来的荣誉，值得我永远珍惜。

苦求的双鱼戏珠刀筷

要说古筷难求，首要原因在于拍卖公司从不拍卖筷箸；二来文物商店也难见到古筷踪影，所以无奈下若喜欢古筷你只好到古玩市场去大海捞针般碰碰运气。

清代双鱼戏珠刀筷

说来也巧，1994 年在北戴河我举办了古筷展，开幕式后我忙里偷闲去逛不远处的工艺品交流会时竟真发现了宝贝，一把清代腰钩刀筷令我激动万分。这刀筷可比几年前那位趾高气扬先生拒售的刀筷还要精美数倍，特别是腰钩上浮雕着两条月牙似的银鱼，中间镶着两颗红珊瑚，色彩艳丽、银光闪闪，故称双鱼戏珠银腰钩刀筷。我好似遇见久别多年的情人，急不可待地就去求购，不料营业员说："这是专供外宾的特价古玩，内宾概不出售。"我求筷心切，向营业员说，今天有外宾就卖给他，若没外宾就请卖给我。可是等了两个多小时虽没见外宾，但营业员仍坚持要经理批准才能卖我。等在宾馆好不容易等到女经理时，她刚吃过晚饭，这位经理可算是"女包公"，坚持此筷非外宾不卖。见此状，我赶忙拿出随身所带的自己的作家协会会员证、上海市收集协会会员证等，证明我是古筷收藏家，不会去倒卖古董。可任凭我怎么千言万语，女经理还是无动于衷。

说来真可谓天无绝人之路，这时门外走进来一位先生，我虽然不认识他，他却声言认识我，他不仅看过中央电视台播放的有关我的藏筷馆专题报道，还买了一本我撰写出版的《筷子古今谈》。他对女经理说："蓝翔先生是我国有史以来第一部箸文化专著的作者，创办了我国独一无二的藏筷馆，怎么，他想买这把清代皇亲国戚的刀筷？"也许他是文物商店更大的领导，他这么一说，女经理面露笑容说："原来你是著名的收藏家，那这把刀筷就破例供你研究筷箸文化吧。"我如获至宝，当捧着高价购得的清代双鱼戏珠腰钩刀筷回到宾馆已是晚间9点半了，而此时我还未用晚饭，却未感到饥饿。

含泪得王爷鲨鱼皮13件箸筒

凡收藏者都不会满足自己的收藏，藏品量多了还想更多，质量精了还想更精。1990 年北京文物局举办京沪收藏联展，我有幸参加展出古筷，这也是千载难逢觅宝的好机会。那次在琉璃厂我购买了明代镶银象牙筷、清代镶银乌木筷后，还想收藏更奇特的精品，于是又赶到天津古文化街去探宝。也许是运气，真就看见了一件茶杯粗的 30 多厘米鲨鱼皮长箸筒，筒内藏有象骨镶银筷两双，还有刀、叉、勺等。心动了的我询问价格，谁知珠光宝气的老板娘冷若冰霜，口称这是样品，概不出售。回到北京我辗转难眠，好像患了相思病，于是忙又借了 5 000 元再下津门。可是出乎意料，老板娘竟并不把我所带来的 5 000 元放在眼里，而且还讥讽说道："如果是 5 000 美金你就把箸筒拿走，人民币不行……"闻听此言我怒火万丈，并借机将数日求筷不得的郁闷发了脾气。店老板这时见状，忙把我请到经理室，赔说不是，还告诉我：此筒原是清代蒙古王爷的特制餐具，内藏象骨镶银刀、叉、匙、筷、银酒盅、小银碟等 10 件餐具，此筒之妙还在于每件都有固定安放座置，用毕对号入座，盖上铜盖，挂于马背，出门远行，一不会遗失损坏，二携带也十分方便。

老板又说："这是一件稀世之宝，30 年来我只见到这一件，您给 2 000 美金就成交了。"那年头 2 000 美金 16 000 元人民币也换不来，我只好望箸兴叹，失望地又回到上海。

没想到这场相思病一害便是五年，我一直忘不了那样精美绝伦的筷箸套装。功夫不负苦心人，处处留心的我一次终于得知一位清代官员的后裔家藏有祖传的鲨鱼皮王爷用13件箸筒，于是上门求购，人家也以传家宝为由不愿转让。就这样一年之中我上门求购十多次，又是请客又是送礼，最后以刚出版新作2万多元稿费，感天动地终才得到这梦寐以求的箸筒。那天我情不自禁竟还喜泪夺眶而出。

一个收藏爱好者成长为一名收藏家，他的成功之路在于锲而不舍的进取，首先是藏品的进取，藏品不在多而在"精"，千双红木乌木筷引不起参观兴趣，而展柜中出现了清代双鱼戏珠银腰钩刀筷、清康熙王爷鲨鱼皮13件箸筒和唐代鎏金银箸、宋代绿松玉箸、明代山水人物象牙箸等时，无论在韩国、日本或国内各省市展出，都会引起参观者的细细观赏、流连忘返，这就是收藏的魅力。

象牙玳瑁八骏马刀筷

我所收藏的清代象牙玳瑁八骏马刀筷很精美。此刀筷的名贵处主要在于镶包象牙的外鞘，雕有极细的线刻花果枝叶纹饰，中间镶嵌玳瑁四骏马（已剥落）；幸运的是玳瑁内侧一面，所镶嵌的象牙精雕的四骏马却完好无缺，栩栩如生。此为清代蒙古族王爷之佩刀，蒙古族人皆爱马，故在此刀筷上精雕细刻了八骏马，使之挂于腰间更神气。

　　笔者收藏有十多把刀筷，最长者40厘米，一般都在30厘米至34厘米之间。而这柄八骏马刀筷长28厘米，刀长26厘米，玳瑁刀柄镶有银帽，刀鞘上下还镶有两道银箍。

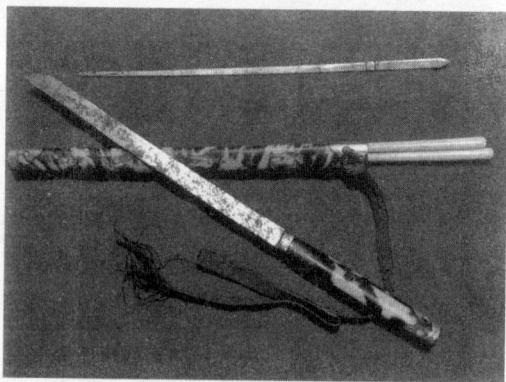

清代玳瑁八骏马刀筷（上为银牙签）

　　刀筷除了刀，筷子是刀筷的主要配件。插在此刀鞘中的是一双象牙筷，首粗下细圆柱体，筷长24厘米，牙筷细纹秀美，筷体柔润光滑，手感极佳。刀筷还有一别致之处，在于刀鞘上还插有一铜牙签，长21厘米，上宽下窄，形如一把小小的宝剑。现在宾馆所用牙签皆圆柱体，两头尖，那是日本式牙签。我国古代牙签都是扁平体。

在我收藏的清代刀筷中，一般仅刀、筷、鞘三件组合。而这件象牙玳瑁八骏马刀筷，却是钢刀、牙箸、铜牙签、玳瑁鞘四件合而为一，挂于腰间，小巧玲珑，古色古香。

西藏七星刀筷

六月中旬，福建海峡电视台慕名邀请我作为"张蒂两岸行"专题节目的特邀嘉宾，介绍箸文化。这次除了带去唐代鎏金银筷，宋代绿松石筷等藏品，我还特地带了清代鲨鱼皮鞘，玳瑁鞘等五六把少数民族刀筷。当演播室灯光齐明，张蒂主持问了我有关古筷的起源和发展后，我接着向海峡两岸和海外观众介绍了"刀筷"的来源。

当我面对摄像机亮出五六把刀筷后，张蒂主持问我为啥叫"刀筷"？老实说，我20多年前在北京古玩市场第一次见到这种清代古董，叫不出尊姓大名，我就自作聪明杜撰"刀筷"为名。后查到红学家邓云乡所著《红楼风俗谭》，称之为解手刀。清代官员腰间大多挂有此物，也称为佩刀。可我为行文形象化，乃以"刀筷"相称。

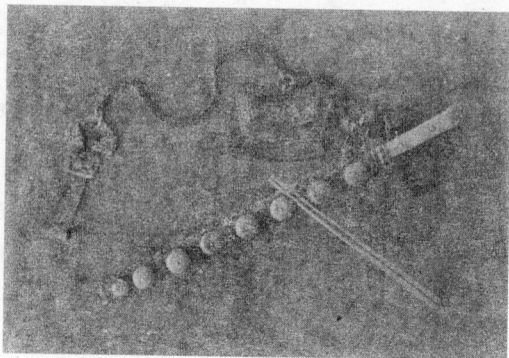

　　张蒂这时又问除了满族、蒙古族，是否还有其他民族用刀筷？这时我亮出一把七星珊瑚西藏刀筷。藏族至今还保持以刀和手进餐的习俗。此物为百余年前迎接清末高官进藏，某寺活佛特仿制满蒙刀筷格式加以藏族风格制成。此刀筷可以说是藏族能工巧匠的杰作，在传统雕刻吉祥纹饰的银鞘上，镶嵌七颗珊瑚和三粒绿松石，另在配件上又镶了两颗小珊瑚和绿松。

　　清代满蒙刀筷通长32厘米左右，而此刀筷长44厘米，要比满蒙刀筷长10多厘米，更显出西藏高原的粗犷民族风格。不过满蒙刀筷多为象牙筷，用起来儒雅潇洒，又显皇亲国戚气派。而此藏族刀筷却是铝合金筷，100多年前西藏工业落后，这金属筷完全手工敲成，工艺虽粗糙，却显露出藏族浓郁的乡土气息。

这次张蒂在海峡电视台欣赏了我所收藏的30多双古筷，特向我竖起大拇指连说"大开眼界"！就以此清代西藏七星珊瑚刀筷而言，在我长城内外，天南北地收藏古筷近30年中，也仅发现这么一件独一无二的宝贝，这的确值得珍藏和研究。

牛年喜藏牛筷

己丑牛年，全国人民牛气冲天喜迎春，这使我想起多年来所收藏的清代藏族牦牛刀筷（下图）、青藏高原特产牦牛骨筷和云贵苗族牛角象骨筷等精美藏品。先说藏族牦牛刀筷。藏族自古以来用刀和手进餐，从不用筷子。清乾隆年间，皇上派钦差出使西藏，藏族官员为迎接钦差大人，遵照清朝习俗特用刀筷招待贵宾，我所收藏的刀筷就是这种藏品。

这柄充满藏族粗犷风格的刀筷，全长45厘米，刀长35厘米，主要特征在于长27厘米上方下圆的筷子。这牦牛骨特制之筷，顶端镶有1.5厘米乳头银帽。

清代牦牛骨刀筷

　　牦牛能在雪山上长途驮运,有"高原之舟"美称。早在宋朝时即被藏族原始宗教本布教尊为神牛,无论教派首领、贵族头人或农奴,皆要供奉神圣的牦牛。如需要宰杀牦牛,必须经过教长和教徒诵长经 300 遍方可动刀,否则将受到酷刑。本布教在祭祀中,以黑牦牛为神圣、正义、威严、力量和权威的象征，以白色牦牛为吉祥、平安、善良和美好的标志。

我这把牦牛骨刀筷是十多年前在北京潘家园古玩市场偶然购得。当时这位藏族摊主所出售的都是西藏宗教品和工艺品，我突然在一个经盒中发现这刀筷，眼睛一亮即问价。藏胞说这是祖传非卖品，他带到北京为进餐所用。我忙苦口婆心动员他转让，他一直摇头，我好话说了千千万，他才要价500元。他原以为开高价可吓退我这穷老头，没想到弄巧成拙，我价也不还，饥不择食，付钱爽快吃尽。

我曾写过一篇《志在集尽天下筷》，发表在《中国收藏》杂志上。收藏筷箸30年，这是我所发现的唯一清代牦牛骨藏族刀筷，物以稀为贵。所以当机立断倾囊收藏这件藏族文化精品。

去年一位汉学家日本友人，去西藏旅游，在布达拉宫广场买到两包牦牛骨筷，这是西藏新开发产品，每包十双，他知道我是古筷的收藏家，特送我一包，自己也留一包。我进一步查资料。查到牦牛生活在3 000米青藏高原上，除了吃青草，还能寻觅到天然药用植物，如虫草、野三弋、贝母等。故而以含有钙质等元素的牦牛骨制筷进餐，除色泽如象牙光滑柔和外，也有益于健康。

另外我还在西双版纳买到十多双牛角象骨筷，上下为象骨，中段镶12厘米牛角，牛角晶莹秀丽的花纹，使这种苗族等少数民族的特产成了精美的工艺品。

总之，30年来我以勤奋的牛劲收藏了包括清代牦牛刀筷等2 000多双古今中外筷箸，其乐无穷也。

（二）千姿百态集筷笼

筷笼，在山东、江西等地称"箸笼"，江南水乡称"筷筒"，古代称"筲"、"箵"。《方言》载："箸箵"，陈楚宋魏之间谓之"筲"。《广雅·释器》云："筲、箵、箸箵也。"江陵凤凰山一六七号汉墓就出土一竹箵，内放竹筷21枝，漆匙1个。湖南云梦大坟头汉墓也出土一箵，内放竹箸16枝。由此可见，我国早在汉代已有竹制的筷笼。

无论古代称"箵"、"筲"，或是现代叫"笼筒"，叫法虽不同，作用却一样，皆为放筷的容器，箭有箭囊，刀有刀鞘，筷子也有自己的归宿，筷笼即是筷子的"居室"不过筷笼乃不登大雅之堂的日用品，一辈子蹲在灶间一隅，默默无闻，埋首终生。别人也许对筷笼不屑一顾，可笔者因集筷20多年，对筷笼情有独钟。20 年来，笔者四处搜集有关筷笼的资料，仍没能找到论及筷笼的只言片语，这使笔者感到人们对筷笼的"漠不关心"，其实筷笼也和古筷一样，是个多彩的世界，民间工艺特色强，充满着乡土民俗文化气息，这片未开垦的"处女地"。很值得民间收藏者去耕耘。

笔者在搜集古筷的同时，也十分热衷于筷笼收藏。在 1988 年首次举办"蓝翔十年藏筷展"时，将筷笼一同展出。因筷体积小，形体变化不大，有筷笼相伴参展，立体感强，色彩鲜艳，如绿叶扶红，相映成趣。

年已 80 高龄的徐州诗词学会老会长、著名书法家苏辛洁先生参观藏筷展后，感慨颇深，挥笔写下：

一笼藏日月，双筷起炎黄

此联气势恢宏，言简意赅，颂扬了筷笼上下五千年岁月的悠久历史。

在全国几乎无人收藏筷笼的情况下，笔者主要集中精力收集明清及民国初年的老筷笼，现已收藏陶、瓷、竹、木、砖雕、金属六大类约 200 多件。

田园野趣陶筷笼

陶筷笼较多，清末民初的陶制筷笼多为半釉，所谓半釉，即由陶土制成泥胎后，正面上釉，背部和底部都不上釉；有时正面上釉也不均匀，边上或下部好像有意留有一块陶胎，笔者收藏的三四件元宝形筷笼皆是如此，另一藏品为清代绿釉陶筷笼，此箸笼正面虽无漏釉之处，但背部底部都不上釉。

古朴秀美是陶筷笼的特点。一般陶筷笼背部平整，上部有小圆孔，可挂于壁上；也有的背部呈半圆形，这便于挂在圆柱上。清代的筷笼正面大都有吉祥图案。如我的一只清代绿釉笼，中部为一镂空的变形双"喜"字，寓意"双喜临门"。靠近筷笼口还雕有"百子快筒"四字。在清代末年筷由"箸光"改为"快"，再改为"筷"，所以称"快筒"没错。我国自古以农立国，劳动力多可发家致富，所以家家有祈求人丁兴旺的习俗。藏筷馆收藏的另一件陶筷笼，正中为福、禄、寿三星浮雕，两边刻有"笼插千竿筯；家添五百丁"对联。筯，为筷子古称，其意和"百子千孙"含意一样。

20世纪50年代，新中国移风易俗，广大农民于是将筷笼上的"百子千孙"吉祥语改成"五谷丰登"、"丰收"等字样。

福、禄、寿三星也改为麦穗稻穗等图案，颜色也以金黄色为主。

笔者还收藏了一个蝉形陶筷笼。1989 年我在长沙博物馆举办古筷展览。一位陈先生参观后，说有家藏百年传家陶蝉笼，他爱集火花，我提出以 100 套火花换他的陶蝉笼，不料很快成交。这是一只工艺古拙、栩栩如生的明代陶筷笼，传世四五百年。

另一只陶笼为广东石湾土特产。吉祥图案为"平（瓶）升三级（戟）"；这也是清代老古董。

多姿多彩瓷筷笼

瓷筷笼和陶筷笼不同之处是全上釉，不露胎，当然价钱高，所以瓷筷笼在清末民初多为城镇乡绅和富家大户所用，陶笼和砖笼为农村贫穷人家所用。

藏筷馆收藏的一对青花瓷筷笼。一件筷笼正面绘有葫芦、扇子、花篮等；另一件画有宝剑、荷花等。这种吉祥图案为八仙的法器，民间俗称"暗八仙"。葫芦代表铁拐李，荷花寓意何仙姑，此筷笼背后还落有"光绪丙戌年（1586 年）造，程唐策办"款文。我重金买回此青花筷笼即放在博古架上供参观，不料被女儿失手敲碎一只绘有荷花、宝剑的筷笼，让我痛心疾首。

我收藏的一件仕女瓷笼，看起来古色古香。一点也不像筷笼，好似壁瓶。壁瓶是挂在墙上用于插花或插鸡毛掸帚之瓶。不过两者区分，不在于瓶上图案，而在瓶底是否有小洞孔，有七八个小孔者为筷笼，小洞为湿筷插进瓶中沥水方便，无孔者为壁瓶。

还有一件瓷笼，为上海永安公司民国初年出品，看起来可谓中西式。下部为传统的商字吉祥图饰，而上部为"心"形，如果发挥想象，此笼好似一人高举双手托着一颗"心"，很富有海派特征。

妙手天成竹筷笼

江南产竹，就地取材，乡村家家户户多用竹筷笼。制竹筷笼十分简单，上山锯一段竹筒，打个小洞，既可挂在墙上，又可放在餐桌上，用来方便，但无收藏价值。安徽黄山竹筷笼，制作巧妙，以两竹片先固定底部，筷筒口再以一束结锁住两竹片，再将上端竹片撑开，这一锁一撑，利用竹片的弹性将两只竹筒夹紧的原理，不是经验丰富的老竹匠，是绝想不出此妙招的。

藏筷馆还藏一竹筷笼，可谓是妙手天成之佳品。一般竹子皆是圆筒状，可这件竹笼却是扁形的。原来此笼之妙在于竹笋出土时，正巧从两块石头缝隙中长出，根上部受挤压为扁状，等笋尖超过石块，竹又恢复圆形。清代老竹匠找到这扁竹，思考良久，制成一元宝形的扁筷笼。笼高22厘米，宽18厘米，厚仅8厘米。中间前后雕一镂空古钱，笼底为4足，足上部一周刻有对称龙凤合体的两对奇兽浮雕。更有令人称奇者，此筷笼上部2/3为扁形，下部少许为圆形。原来老竹匠将挤在石缝中的根部扁竹为上头，而过了两石又长出的圆形之竹为下部，这一颠倒，一件上扁下圆造型雅拙苍虬，古色古香的竹筷笼奇品就呈现在观者眼前。

古拙秀雅木筷笼

笔者第一次见到木筷笼，是10余年前在韶山冲毛泽东故居灶间的土墙上，那件长方形的木筷笼朴实无华，给笔者留下极深的印象。

湖南山多林密，山区农民多就地取材，用木板钉筷笼。这种木笼制作并不复杂。先选一块像书本大小的木板为背板。

两边和底部再钉上 4 厘米至 5 厘米宽的木条，最后钉上比后板短 1/3 的前板即可。木筷笼也有制作考究者，全部以红木制成，前板雕有吉祥图纹花饰，边板有时也雕上花，刻上字，这在百年前多为富家大户所用。

我收藏的一件花梨木筷笼，是 2000 年我应邀在台湾举办古筷收藏展时，台北海霸王饮食集团谢和江总经理赠送的。这只清代木笼，上部刻有麒麟瑞云，下部正面雕有松鹤，雕工古拙，玲珑剔透。此木笼原为谢总自己收藏，她观赏了我带到台湾展览的明清筷笼后说："你是大陆唯一的筷笼收藏家，我就把我唯一的筷笼送你留念吧！"

笔者还收集到两件清代木筷笼，一件正面镂空刻"孝"字，这显然是父母尊亲亡故，家有隆重丧事，或遵照传统守孝 3 年而特制。孝筷笼中当然要插筷子，但要插特制的桑木筷，"桑"与"丧"谐音，故清代办丧事多用桑木筷。另一件特别的木筷笼，正面刻的是一瓶插三支戟，此吉祥图案为"平（瓶）升三级（戟）"。

雕花刻字砖筷笼

砖筷笼，顾名思义，及由砖泥制成土坯，然后入窑烧制而成。砖笼大多由5块平板泥组成上宽下窄的长方形状，笼中一隔为二，可分别插筷。后泥板有双孔，借以穿绳悬挂壁上。这样取筷方便，不占地方，也可平稳放在灶台上。用现在眼光来看，这是出自乡村山野的土玩意。它最大的特点是每件砖筷笼上不是雕花就是刻字，正是这一点，更值得收藏。

藏筷馆所收藏的四五十件砖筷笼，形状各异，都有雕刻；有的刻万年青，有的刻吉祥草，也有的刻牡丹花、长寿锦，还有的刻着"双鹤亮翅"浮雕，还有一只刻着操琴吟唱的父女。所刻题材广泛，刀法不拘一格，且多出于民间工匠之手，乡情浓郁，构图朴拙。笔者还觅到一件刻有双鱼的砖筷笼，笼上仅以粗犷的刀笔简练地刻了两条鱼，充满了原始风味。

砖雕筷笼大多富有民间乡土气息，但也有例外。笔者十多年前收藏的一件单格如意头砖筷笼，政治气氛很浓，非常珍贵。此笼正面刻着"毋忘国耻"4个大字，见者为之触目惊心。明清箸笼上刻的都是"三阳开泰"、"状元及第"等吉祥语，政治标语上筷笼实属罕见。1915年前后，袁世凯卖国求荣，签订了丧权辱国的"二十一条"，全国农工兵学商纷纷起来抗议游行示威，反对袁世凯，这件"毋忘国耻"的砖筷笼即是这次全国人民爱国雪耻大觉醒的产物。这件看上去土而又土的砖筷笼，现在已是历史的见证，经文博专家鉴定，可列入文物范围。

另一件砖雕筷笼也算得上是文物。此笼正面下端刻有3朵向日葵，上部雕有"东方红"3个大字，正中间还镶有一枚毛泽东像章，红底金边，金光闪闪。可以断定这是"文化大革命"的特殊产物。虽说是砖制品，但构思独特，制作精细，堪称一绝，完全算得上是一件具有文物价值的"文革"期间的特殊工艺品。

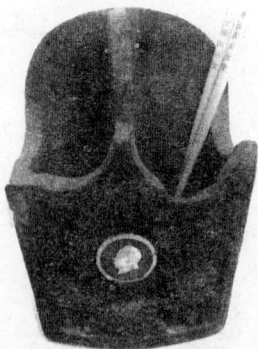

"东方红宝像"砖雕筷笼

金属筷笼不多见，笔者多年寻觅，仅仅收集到一件紫铜皮箸笼，系百年前的老古董。早几年在北京定陵看到一本旅游画册介绍定陵出土一件明代双耳罐状的铜制箸笼，为帝王陪葬品，由此可知金属箸笼较为珍贵。

现在密塑筷笼满街都是，价廉物美，轻巧方便。但台湾一位著名的工艺美术家著文批评这种筷笼，称它仅仅是一件"东西"，丝毫没有艺术价值可言。于是，以前那些充满浓郁乡土气息的筷笼显得更加珍贵。有次我在浙江天台山区看见农民把砖雕筷笼扔在猪棚羊圈旁，非常痛心，即为200元的价钱，从农民手中换得6件砖雕筷笼，欣喜万分，满头大汗地背回上海收藏。

为此，我呼吁收藏爱好者，大家动手把废弃的古老筷笼收集起来，藏宝于民，传于后辈，功德无量也。

"毋忘国耻"筷笼

2011年是辛亥革命100周年，为纪念推翻封建王朝革命成功，市收藏协会等都积极筹办辛亥革命百年展，他们邀请我参展，我立即想起二十多年前，偶然收藏了辛亥革命时期砖雕筷笼的情景。

"毋忘国耻"筷笼

　　1989 年春我独自一人去浙江天台国清寺旅游。坐在大巴上很无聊，就和身边的老农民闲谈。我外出旅游，醉翁之意不在酒，在游山玩水的同时，会找机会想办法淘旧货收藏古筷。老农说：家中只有毛竹筷，以前用的砖筷笼都当垃圾丢在猪棚里，现在家家都用塑料筷笼了。说者无心，听者有意。我立即盯牢老农民，表示想收购他的砖筷笼。

　　老伯伯天台国清寺下车，我也跟着下车，忙请他喝老酒吃午饭，我决心放弃游览国清寺，雇了拖拉机送老伯伯到了30 多里外的家中。老伯说 5 元一只我替你收购，我说 5 元太少，10 元一只，请你多收几只，20 年前 10 元比现在 100 元还值钱。一会儿老伯在村里收来 5 只筷笼，他又把自家两只筷笼也送到我面前。我见了眼睛为之一亮。这是两只充满辛亥革命元素的砖雕筷笼，一只正面刻着交叉的两面五色旗，这是当年辛亥革命旗，旗上有红黄蓝白黑横条五道，代表着汉、满、蒙、回、藏五族共和之意。可是筷笼旗上无釉无色，手工粗糙，仅仅刻了 5 道黑条而已。

另一只筷笼正面刻着"毋忘国耻"四个字。当我背着七个筷笼回到上海，查资料方知，1915 年 5 月 9 日，袁世凯阴谋篡夺了孙中山的总统职位，还不满足，梦想复辟当皇上，于是他承认日本帝国主义提出的"二十一条"卖国条约，这激起全国人民反日反袁运动，遂将 5 月 9 日定为"国耻日"。

这次运动声势浩大，全国大小城市工农兵学商纷纷游行，一面高唱战歌："强邻无理肆要求，五月九，哀的美敦书（拉丁文译'最后通牒'），问国民曾记否？卧薪尝胆壮志酬，切莫把奇辱大耻忘却心头！"战歌响彻云霄，抗议口号声惊天动地，浩浩荡荡游行抗议大军顿时席卷全国！

当年这场继续发扬辛亥革命精神的爱国运动，的确很深入人心。老伯伯告知，他祖父是辛亥革命镇上第一个剪辫子的勇士，当年开窑场，除了烧砖也烧些生活用品，"国耻日"怒潮传来，祖父忙烧制了 100 个"毋忘国耻"筷笼分赠亲友。老伯说：以前筷笼上大多刻"状元及第""风调雨顺"等吉祥语，这次却刻了反袁抗日的政治标语，的确触目惊心，家里就留了一个，一直传了三代。

1989 年春我觅宝得了这两个辛亥革命筷笼，7 月带着这些藏品应邀在长沙博物馆，参加上海民间收藏展，不料长沙博物馆馆长对我说："下次这两个筷笼不要再拿出来展览了，这也算得上辛亥革命文物，六七十年的砖制品容易损坏，破了可惜，你千万要保管好。"

由此这两只其貌不扬的土玩意，一藏就是 20 年，这回喜逢辛亥革命百年大展，这两个见证辛亥革命的收藏品，也该亮亮相了。

七宝觅宝

近闻七宝经过修复，重现千年古镇风貌，于是相约几位藏友前往七宝觅宝。

相传七宝镇因有"七宝"而得名。"七宝"者，飞来钟、金字莲花经、玉筷等，此七宝经过岁月洗礼，现已成传闻。

不过古镇并非仅有"七宝"，明清风格的老街，如虹似月的碧波石桥，还有那富有民俗奇趣的蟋蟀馆、人文荟萃的名家书翰馆等，馆内的古代蟋蟀盆和名人字画、书信、古籍等皆是宝。还有七宝当铺中的印章、账册、红木算盘；织布坊里的纺车、织机、刺绣品等也都是宝。可是这些老古董只能供我们一饱眼福，而那天香楼老板店的七宝大曲、红烧羊肉等农家菜，可供游客一饱口福。我们这些痴迷收藏者，真正要觅的是能带回家的珍藏之宝。这些宝贝在何处，导游遥指富强街。

在那摩肩接踵的老街上，我们发现有四五家古玩店，每家店面都很小，皆陈列着清代雕花板、民国碗碟瓷器，还有钟表、钱币、徽章之类的老东西，使人一进店，怀旧之情油然而生。

我是古筷收藏者，玉筷虽是"七宝"中之一宝，但在几家古玩店里却不见古筷踪影，心中正有点失望，不料突然发现宝贝眼睛为之一亮。万没想到这家旧货店的破桌椅后的货架上会放着两只陶筷笼。长方形的有22厘米宽、14厘米高、12厘米厚。正面图案为"福在眼前"，两边还刻有"百子千孙、福寿全禄"吉祥联语。另一只为青釉圆筷笼，图案为蝙蝠和双钱。这两只工艺精美的明末清初陶筷笼，原是七宝古镇清代官员家中的古物，代代相传已三四百年，所以老板娘开价较高。

清代百子千孙陶筷笼

我在二三十年藏筷生涯中，这是所见到的较大的筷笼。绿釉长方笼的两格中可插 50 多双筷子，圆笼也可插筷 30 双左右。特别令人爱不释手的是，两只特大筷笼工艺精细，古朴秀美而富有浓郁的江南水乡风情。于是我毫不犹豫摸出几张红色大票送到老板娘水中，其他藏友也买以铜酒壶、古籍等。这真是"七宝宝多喜觅宝，识宝得宝赞七宝"也。

万岁筷笼

这只陶筷笼在有些收藏家看来也许认为其貌不扬，不屑一顾，其实它也算是一件文物，已有50年历史。

请你仔细欣赏，筷笼上刻有三面旗帜。凡是当今60岁以上的老人都知道，总路线、大跃进和人民公社是20世纪50年代的"三面红旗"，所以筷笼上三面旗帜图案也是象征"三面红旗万岁"之意。

筷笼在清代也刻字，所刻的大多是"国泰民安"、"五谷丰登"、"百子千孙"、"福在眼前"之类的吉祥语。1957年农村所生产的陶筷笼大多刻上"人民公社万岁"、"丰收"等宣传口号。

笔者原有一名文艺工作者，为了加快实现毛泽东同志提出的三面红旗政治目标，由政府机关从城市下放数百万干部与农民同吃同住同劳动。我也是一名下放干部，1958年初下放上海吴淞松北乡，三个月后即成立红旗公社，我和当地农民敲锣打鼓举着红旗欢庆人民公社成立。

我当时住在阿兴伯伯家里，同时搭伙在他家。我在红旗公社成立的当晚，满怀激情在豆油灯下写了一首民歌："千年等、万年盼,终于盼到这一天,人民公社无限好,五亿农民齐称赞。全国欢呼总路线,新社员干劲大如天;推山山便倒,挖海海水干,打破千只鼓,敲碎锣万面;生产干劲使不尽,公社喜讯唱不完!"当这首民歌在 1958 年第 10 期的《萌芽》文学杂志发表后,就在吴淞镇邮局领稿费时,在镇上土产商店看到有"人民公社万岁"筷笼出售,心中十分高兴,即以刚领到的稿酬买了两只筷笼,一只送给搭伙的房东阿兴妈妈,另一只收藏至今。

这只陶筷笼是特殊年代的产物,也是我吃尽千辛万苦学插秧、扶犁耕田、车水、种菜、养猪三年农村大学的毕业证书。同时它也见证了"吃饭不要钱"、拆灶办公社食堂、过度冒进对农村伤害的思潮。

这真是:一笼日月五十年,公社有苦也有甜。藏品诉说当年史,青春年华记心田。

(三)筷枕筷盒喜藏爱

筷 枕

喜爱收藏箸文化多年,爱屋及乌,连带筷笼、筷枕、筷盒也进行系列收藏。筷枕虽小也有它的魅力。顾名思义，筷枕筷子的枕头也；它非常形象地道出自己的作用。也有的地方称它为筷架，筷榍等。千万不要看轻小小筷枕的作用。

这小筷枕在一般饭店得不到重视，认为它可有可无。其实餐桌上出现筷枕有三大好处。第一，可使夹过菜的筷子架在筷枕上，和餐桌上废弃物隔离，不受污染。第二，筷子架在筷枕上，给人以卫生、清洁、高雅、上档次之感。第三，欢宴宾客举办宴会讲究色、香、味具全。古人名言，所谓美食不如美器也。其实除了碗碟杯盘，筷枕等也是美器，筷枕虽小它可以产生一种特殊的情趣。

日本有一些小餐馆特别注意筷枕等小摆设。一位日本老板娘说得好："别看轻了小小筷架，它不但使筷子有个固定的安放之处，不会受到污染，更重要的它能使顾客产生一种情趣。"的确如此，这位日本老板娘的餐厅，筷枕每天换花样。今天一段树枝、明天一朵花叶编织品，后天又是海鲜贝壳别出心裁的筷枕，进而引起不少顾客的兴趣。

我最感兴趣的是北京国际饭店的筷枕，它的造型是一只白瓷小龟、昂首伸颈、憨态可掬、红木筷正好架在细细的脖颈间，生动可爱、惟妙惟肖。1990年我们上海十多位收藏家在北京举办京沪收藏联展，正好在北京国际饭店聚餐。上海驻北京办事处主任特别介绍我这个筷子收藏家，说是我想收藏这只小龟筷枕。北京国际饭店经理听了介绍，立即说上海古筷收藏家收藏我们国际宾馆的金丝筷和筷枕，这是我们的光荣，说着送了我们每人一套。

送筷枕其实也是一种生意经，小广告，廉价博取顾客好感之妙法也。

筷枕虽说是种小玩意，积少成多，也是收藏品。前不久在北京王府井大街工艺品商店中，看到五颜六色的瓷辣椒、瓷黄瓜等，小巧玲珑、五彩缤纷，我也不知这些是不是筷枕，但我认为这些小瓜果很适合做筷枕，于是选了五六种放在玻璃柜中，架起古筷陈列，参观者都认为别有情趣。

十多年前在四川买到一套十二生肖江安名牌竹刻筷，筷顶端刻有牛羊虎兔等生肖很高兴，于是想配一套生肖筷枕，可是从成都到重庆沿长江到武汉也没买到生肖筷枕。可见厂商认为这种小生意不重视开发。结果寻觅了一年多，才偶然在长沙马王堆出土文物展近旁的工艺品商店买到一盒白瓷生肖12件小筷枕和江安竹刻生肖筷配套展出，总算梦想成真。

在藏筷馆收藏的百余件筷枕中，有一对粉彩小瓷娃和玉魚枕颇有欣赏之趣。玉鱼枕体态娇小，晶莹青翠，头尾向上翘起呈元宝状，下端玉座托起鱼身，凹处正好放玉筷。此种搭配，实属妙哉。

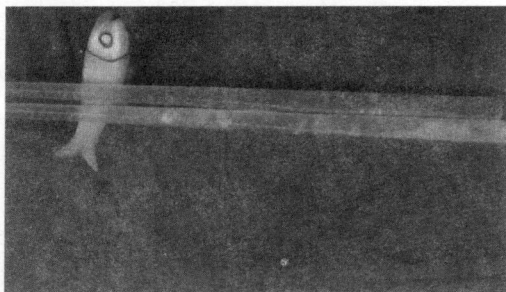

清代玉鱼筷枕玉筷

清代青花瓷娃对筷枕

另一对清代小瓷娃筷枕，造型匍匐状；男童顽皮翘起双脚；女娃小手托腮趴伏好似观景，又似听歌，神态自如，童趣盎然，筷儿正好架在背腰间，使之妙趣横生。

我还收藏了十多只铜筷枕。一般既可架筷也可放匙。还有的中间竖起半截细管，可插牙签。餐桌上若放多功能镀银筷架，倒也平添了几分气派。

我还收藏了几只古董筷枕，一只是抗日战争前镀银筷枕，偶然在古玩市场欣喜收购，一只刻着"金门大饭店"铜筷枕乃是上海滩南京路上国际饭店并排大酒家老字号之物，弥足珍贵也。

筷 盒

筷盒，大多为红木制造，可分一双装，两双装，五双装三种口筷盒主要用于馈赠。因为属我国传统工艺品，所以制作精细、价格较高。单双筷盒大多为抽拉槽型盒盖。较高档的是山东嵌银丝红木筷盒，盒盖上嵌有"福禄寿喜"、"万事如意"等双线空心字，皆以极细的银丝镶嵌于红木盖上。字体秀丽，天衣无缝，乃工艺佳品。

双筷盒则较宽，盒中开双槽，这样的红木盒筷赠送新婚

夫妇为多；故盒上多刻有"鸳鸯戏水""比翼齐飞"之类吉祥
语。以前此类盒中多放有两双雕花象牙筷或银链筷，现在大
多放红木筷。一盒两双，寓意双双对对，白头到老不分离
之意。

五双装盒筷不同之处，在于盒盖改槽盖为帽翻盖。盖上
雕刻更丰富多彩，送寿礼多刻龟鹤图或福实禄寿三星，也有
的刻龙凤吉祥等。

我举办蓝翔藏筷十周年时回顾展时，将在浙江宁波土林
工艺品公司，定制了100盒盒筷赠送亲友留念。盒盖上特镶嵌
吉祥螺钿花外，并刻了一个大大描金箸字，以突出主题。

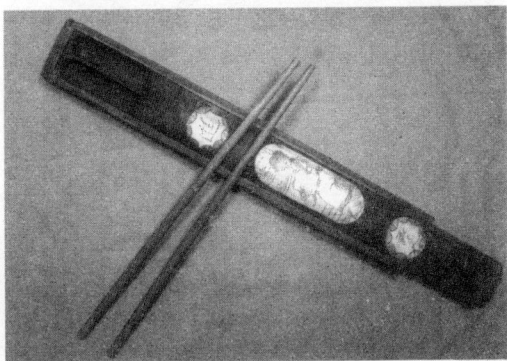

在笔者收藏的数十种筷盒中，有一只敌伪品，其貌不扬，
盒盖上刻着"支那事变纪念"六个汉字，令人触目惊心（见

上图）。众所周知，1937 年日本帝国主义发动了侵华战争。在
"八一三"战火中，凶残的日军奸淫烧杀，占领上海，随之而
来日本人为庆祝所谓胜利，在筷盒上刻下"支那事变纪念"
六字。

而这只筷盒也成了日军侵华的罪证而遗臭万年。

这真是：

> 中国人民不可欺，杀败日军扬正义。
>
> 浴血奋战歼敌寇，惊天动地庆胜利。

十二　东亚筷箸文化

（一）日本箸文化

世界上全民以筷进餐的国家，不仅仅是中国，还有韩国、朝鲜、越南和日本等。如果以人口排名，除了中国，就算日本用筷人数最多了。

中国和日本虽然同样以筷为餐具，但有各自不同的箸文化。作为筷箸发明者的中国人，有必要对日本的箸文化和中日箸文化交流进行一些了解。

日本称筷为箸。箸乃我国筷子的古名，当箸在唐代传到日本时，日本除了接受这两根小棍棍为餐具，还保持着汉字"箸"的原名。我国明末清初将"箸"改名为"筷"，可是日本并没有改，他们至今一直用箸进餐，商店出售的筷盒上依然印着汉字"箸"，非常突出醒目。

和我们一样，日本筷箸既是实用的餐具，也是吉祥物。一位文友从日本带回一双"长寿筷"送笔者留念。此箸很特别，包装托板上除印有日文吉祥语外，商标上还印有汉字"厄除"字样。在装饰底板两边，还分别印有"开运厄除、家内安全"八个醒目套红汉字。下面左边印有"家族召饭健康强壮，"右边印有"幸运降临长寿之御箸"字样。文字皆竖写，汉字夹有日文。从印有这许多吉祥语的长寿箸包装看，不像是店里买来的商品，更像是从寺院古刹求来的佛品。

日本最古老的箸，首推京都市的"市原"。京都原是日本皇宫所在地，也是日本的首都。这个"市原箸铺"也属神秘之地。市原店主一直珍藏着一张《白箸翁》古画，这是他们店的传家宝。画上画着一位耄耋老翁，雪眉闪光、银须飘髯，手中提着一大捆白筷子。画上还题有白箸翁于平安时代数十年风雨无阻在大街小巷不辞辛苦叫卖白木箸的动人事迹。

据店主介绍，平安时代京都没有筷箸店，老翁所卖的皆是由皇宫中经挑选认为不合格的箸。我们从这个古老的传说中知道，中国箸传入日本后，一直属于宫廷餐桌上的专利品，在很长的时间内，直到平安年间平民百姓还是难以享受这看来简单却极为高贵的餐具。后来经过白箸翁的鼎力推广，使箸得以在民间普及。白箸翁后来被神化，说是某一天老人不知去向，原来他是仙翁，见传播筷箸大功告成，即飘然而去。

　　我们由这则动人的传说可以知道，在日本，百姓得以普遍用箸，是有着艰难曲折的过程。到了平安时代，京都连一家筷子店都没有，百姓向往用箸，只能从白箸翁那儿去买皇宫挑选不合格的淘汰箸。这种筷不要说数量不多，而且肯定价钱不低。尽管如此，白箸翁还是被百姓看成是有恩于民的可敬老人。等到某一天白箸翁风里来雪里去，操劳过度，年老去世，人们无以报答他推广御箸之恩，就编个仙翁的故事并画张画来美化他、赞扬他、怀念他。

　　京都"市原"古箸老店，有着三四百年的历史。此店不仅因珍藏《白箸翁》古画而闻名遐迩，更重要的是，日本天皇所用的御箸，数百年来一直由该店承包制作。皇宫用箸要求极严，标准极高。不像我国清代乾隆、慈禧喜用金筷、翡翠玉筷等。日本历代天皇所用之筷全部选用白杨木制造，既不雕刻，也不上漆绘画，更无镶金丝银丝，嵌玛瑙碧玉等。但御箸决不能有丝毫疵点，每一根上圆下尖的白杨木质箸，皆要从一块梯形倾斜的木板上滚下来，滚时稍有不均匀而滚斜者，即以不合格而逐出皇宫之门。这种木质箸朴实、简洁，和我国宫廷奢侈的金筷玉筷形成鲜明的对照。但天皇及皇亲国戚用一次便将选了又选的上等木箸丢弃，决不再用第二次，下顿饭天皇等又要用新箸，天长日久这种浪费，价值也极为可观，这也是一种奢侈，不过中日两国宫廷奢侈的方式不同而已。

日本天皇与皇后所用之箸，不但整洁精美，古朴均匀，而且较短。而受到恩赐赏宴的贵宾宠臣，他们手中之箸却较长，这又和中国宫廷帝长臣短的用箸习俗恰恰相反。

日本人上自皇宫、下自市民都爱用涂箸。所谓涂箸，在我国称"漆筷"。20多年前，日本友人中村英雄送笔者一包"三回涂匀"的"三涂箸"，包装纸上印着"10膳人"。这是一种日本普通的上过三次漆的木质筷，故名"三涂箸"。"10膳人"者，即一包10双箸。此箸全部咖啡色，无任何花纹。这是笔者第一次收藏日本箸，此"三涂箸"虽很朴素、很普通，但笔者还是如获至宝。

藏筷馆还收藏了另外七八双黑色金花日本箸。箸似我国的乌木筷，全黑色底，墨泽闪光。日本民间崇尚黑色，因黑色象征健康。此箸之美在于箸上画着富有日本民族特色的朵朵金花。和此筷形成鲜明对照的是全部为乳白色底，画金花的箸。有的仅画着一对蝴蝶，也有的在两筷相并的箸上只写一个汉字"寿"。这种黑、白筷握在手中，显得十分高雅，给人一种清新脱俗之感。

笔者还收藏一盒津轻箸对筷。一盒两双，夫妻各人一双。此箸上方下圆头尖，箸上绘有黄绿的"锦石"花纹，盒内装有广告纸牌，上写"（传）统工芸（艺）产品业第一位，内阁大臣赏"等字样。这盒名箸为日本著名蓝花布收藏家久保麻纱特从日本东京带到上海赠送与笔者。所谓津轻箸，最早在津轻蕃开发试制成功，这种新涂箸要经过40多道工序，50多天才能制造完成。这是一种色彩典雅、光泽优美的高级工艺箸。

说到津轻箸，还有个特点。在日本，关西人喜欢分量轻的箸，东面的人爱用重一点的箸。轻箸约15克左右，而津轻地区的箸却重达25克，故深受东北地区市民的喜爱，并得到内阁总理的赏识。

笔者托人在日本还买到纸盒上印着"高级御箸"的对筷。全部黑底，箸上纹饰不是画的，也不是雕刻而成，而是以贝壳镶嵌再磨光滑，我国称之为"螺钿工艺"。此箸看来较为古雅、高贵。这种盒筷两双装，不是夫妻对筷，长度相差无几，此箸一双长22.5厘米，另一双为20厘米，这是母子盒筷。在家庭中，母亲和儿子各用一双。当然也适合父亲和女儿分用。

日本的儿童筷为淡蓝色塑料盒装，白色的盒盖上，印有日本动画片中儿童喜爱的男女主角，而盒内之箸为透明蓝色的塑料筷，箸上也印有动漫人物。这种儿童盒筷，色彩鲜艳，图案生动，对儿童有一定的吸引力，同时也有助于养成儿童自小喜爱用箸进餐的习惯。

日本还有专用菜箸。中国人容易误解，以为是专门用来吃菜的筷箸。其实这箸并不是用来吃菜的，而是专门用来做菜之箸。讲得形象点，和我国炸油条的长筷相仿。日本汉学家池上正治送给笔者一套日本箸，其中就有"2膳组"菜箸，也就是两双同装一袋。商标上印着"菜箸丸"三个汉字，顾名思义，也就是为油炸肉丸、鱼丸之用。为免得滚油烫手，或油花飞溅，所以这种竹箸较长，一双33厘米、一双30厘米。

说到菜箸，日本还推出一种"面专科"。就是专门用来吃面条的竹箸。不过有两点与普通筷不同。一是在此竹箸下端刻有9条浅浅细细的环槽，为的是能更好地夹牢面条。而我国用了三千多年的筷箸，从来没有人想到在筷子上刻环槽，以防面条打滑。实际上，用中国筷吃面条得心应手，十分潇洒。从不会发生面条滑落之忧。而日本箸，上粗中细下尖，两根

筷下部根本夹不拢，这就产生夹不住面条状况。于是，日本
商人想出刻环槽的办法来补救。这同时也是一种商业噱头。
箸上刻几道槽，翻翻花样，免得筷箸都是老面孔，这也是招
徕顾客的一种手法。

还有一点不同，"面专科"除在箸头刻槽外，还在竹箸上部手握处，镶上七八道塑料环箍，微微突出在筷上。这也为防滑，防的不是面滑，而是手滑。竹箸上缠绕几道彩色环箍，其实对防滑作用不大，而起到装饰美是主要的。

（二）朝鲜半岛筷箸特征

2008年国际箸文化研究会在日本东京召开第2届年会，韩国首尔大学徐道植教授发表论文说："至今所知道的最早时期的韩国筷子，是忠南公州市武宁王陵出土的两双铜筷和三件铜勺，武宁王葬于6世纪初。"

这证实了我国筷箸于隋代初年传入朝鲜半岛的历史。还有1146年逝世的高丽仁宗大王墓中出土的青铜筷和长柄勺，其式样和我国唐代出土的箸与勺式样几乎完全相同，特别是勺的长柄也是弯如弓形，这说明朝鲜半岛的古箸匙勺和我国隋唐时代的匙箸是同根同源。

朝鲜半岛虽分南北两部分，但饮食文化是一脉相传的。其就餐与中国和日本的不同之处，是筷与匙同时运用，筷夹菜，匙舀饭，作用分明，家家如此。其实这不是朝鲜族的新发明。我国先秦的习俗即如此。当我国古老的饮食文化传到朝鲜后，他们一直严格遵守筷夹菜、匙舀饭的习俗。后来，我国箸文化不断发展变化，最终用筷箸使饭菜并进，但朝鲜半岛，依然是保留古风至今，筷与匙分工明确，这是朝鲜半岛南北饮食习俗的一大特征。

2002年笔者应邀在韩国釜山福泉山博物馆办筷展，顺便在一家大百货公司购买不锈钢筷，营业员小姐说不卖。我很奇怪，找来翻译一问，才知在韩国筷子单独不出售，苏格拉（匙勺）早格拉（筷子）要配套供应。徐道植教授告知，在高丽时代和朝鲜时代，考古发掘筷子很少单独出土，总是陪伴匙勺一同出土，由此可知朝鲜半岛从古至今，在传统食文化中，筷与勺并用，筷吃菜，勺舀饭，故在韩语中"匙箸"成了名词。

韩国不锈钢筷与匙及磁盘，工艺筷

　　韩国进餐习俗，除了筷和匙分别吃饭夹菜外，筷子还有两点不同于中国。第一，韩国全用金属筷，早年用铜筷，近年来都用不锈钢筷，全国几乎见不到竹木筷。第二，所用的筷子都是扁形。韩国用筷习俗是隋唐年间由我国传入朝鲜半岛，然后又传入日本，中国筷传到韩国怎么会变成扁筷？我多次请教韩国专家学者，他们也说不清来龙去脉。

　　另外，无论是韩国还是朝鲜，一律用金属筷。1950年10月，笔者参加中国人民志愿军入朝参战两三年，平壤、首尔都去过，朝鲜人民那时全部用铜筷、铜碗进餐。一位阿子妈妮（大嫂）还送笔者一双铜筷和铜长柄匙留作纪念，笔者一直珍藏了60多年，铜筷很短，只有18厘米左右，铜匙柄较长，约有15厘米，但匙面微微有一点点凹进，看来几乎为平面，这是为了舀饭送进口中方便，并不是为喝汤，所以不必过多凹进。

　　现在无论是在韩国或是朝鲜，都用不锈钢筷。但在韩国国立公州博物馆却陈列着他们古代所用的铁筷。由此我们知道，朝鲜半岛一直有用金属筷的传统。他们为何对金属筷情有独钟呢？有一种说法，因为朝鲜半岛冬季寒冷，常常冷到零下40℃。金属筷传热，用金属筷从热菜中夹菜，可以使手有温暖感，故而朝鲜族喜用金属碗筷。

其实这种说法并不准确，我在韩国实地考察并向韩国一些文博专家和学者请教，他们说：韩国人喜爱吃烧烤，竹木筷经不起火烤，金属筷没这种缺点，故韩国人喜欢用铜筷镀铝筷，现在普遍用不锈钢筷，也有高级的银筷和钛筷。

朝鲜的筷子之所以较短，因为他们多在地坑上就餐，主人和客人同桌，老长辈则一人一桌，其余妇女儿童则在另一桌。而且桌子矮小，这样吃饭筷子不能长，长了要碰到人。正因为桌小，夹菜很方便，所以筷子不需太长。

无论是南方还是北方，朝鲜人都很尊重老人，在家中用饭只有老长辈动筷后，小辈方可动筷。但吃完饭，筷与匙不可放在空碗里或碗口上，要放在桌上，不然主人以为你没吃饱。所以朝鲜半岛忌讳筷与匙放在碗口上。

相比之下，韩国的不锈钢筷装饰性较好，上部手握处镶有金色花边，闪闪发光，给人以美感，但此筷扁体为多。朝鲜不锈钢筷极细，好似结绒线的钢针，十分朴素。

（三）越南、泰国及东南亚筷

越南的筷子木质为多。越南地处亚热带，森林茂盛，以木制筷，价廉物美。越南有种类似乌木的筷子。所镶银套的部位却和我国筷子相反。我国传统工艺、银套是镶在乌木筷下端，用以和菜肴直接接触；而越南是把仿银镂花套镶在筷上端的手握处。很多中国人到越南去旅游观光，认为此筷有异国风味，赤黑色的木质筷上套着仿银镂花套，黑白分明。筷子有圆柱形，也有上方下圆楞形，于是中国游客纷纷购买，留作纪念。还有一种透明塑料盒装的越南筷，盒上印有"乌木筷子，越南胡志明市制造"的汉字，盒上同时印有越南文，这也是专门供应中国游客的越南旅游筷。

在越南，这种所谓越南旅游筷，一双仅两三元人民币，可有人跑单帮将此筷贩运到上海，标价15元一双。游人见是越南货，买个新鲜，上海人也就玩起越南筷。

和越南筷相比，泰国旅游筷制作精美。这种筷以铜质为筷身，在手握处，左右一边各镶一块2.5厘米长的红木片，这样持筷夹热菜热饭可以不烫手而又美观。此筷不像中国筷上部四楞下圆柱体，也不像日本上粗下细圆柱尖头筷，而是一种红木镶嵌的铜质扁形筷。筷顶端有块突出的1厘米的铜莲花瓣，上面铸有大象、也有的铸佛像。总之，这些图案都显示了泰国的特有风情标记。凡是到泰国旅游者，可单独购买红木镶嵌扁铜筷，也可以和铜匙、铜叉、铜筷配套购之。

泰国原为以手进食的民族，可是近年来泰国成为国际旅游城市后，日本、韩国、中国旅游者较多，为适应这种发展，特别是曼谷，泰国餐厅也特别提供筷子服务。筷子同时也成为泰国的时髦的旅游纪念品。

泰国筷还有一种为椰子木筷，椰子树为泰国特产，其木质花纹黑而粗，一条条斜纹交织于筷杆上别有风情。一位泰国国际箸文化研究会会员将他从泰国带来的椰木筷送给我，妙的是此筷插在奶黄色细藤编的半套中，筷美套奇，令人爱不释手。

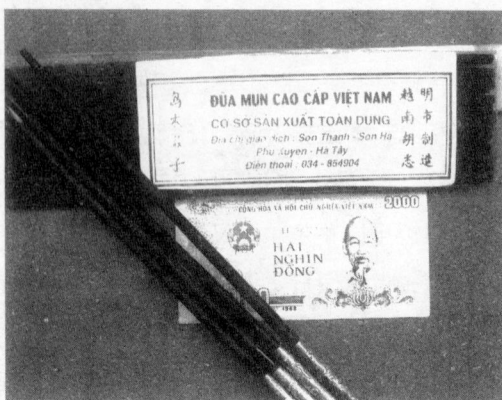

越南胡志明市之乌木盒筷及红木乌木镶镀银套筷

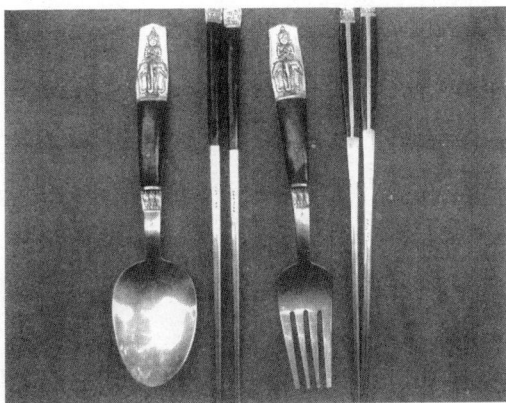

泰国红木镶扁铜筷及佛像双象图饰铜叉勺

　　菲律宾本来也是以手吃饭的国家，可是马尼拉却开了上万家中餐馆，另外还有日本人开的供应中餐和日式饭菜的"中华料理"布满大街小巷。这些大大小小的餐厅酒楼，全都离不开筷子。受其影响，很多菲律宾人也学会了以筷进餐。

　　新加坡这个新兴的小国，华人多达70％，虽然他们已入新加坡籍，但为了不使后代忘记自己是炎黄子孙，想出了一种推广筷子的游戏。新加坡菜德岭华族传统艺术中心决定，每年4月8日举行筷子比赛，规定在限定的时间内，以筷来夹物，随后以选用筷姿势是否正确、夹物的数量多少来最后评出冠亚军，并给予奖励。用筷夹小玻璃球，或从水中夹鹅卵石等，都有一定的难度，所以比赛时华裔青年和儿童笑逐颜开，"加油"之声不绝于耳。

还有以筷子做发型奇闻，这里不妨介绍一下。生长在新加坡的旅英华裔苏亚伦先生，是当今欧洲最负盛名的美发师。他发明的"筷子发型"，使众多的欧美女性如痴如醉。苏亚伦是英国 SOH 发屋的老板兼美容师。当他多年前在新加坡家中吃面条，用筷子卷起一绺龙须面时，忽然想起童年时祖母用筷子似的长簪挑秀发的情景，于是他突发奇想，何不把筷子用于女子的发型设计呢？他忙请了新加坡的女模特做试验。这种标新立异的发型立刻传开，并在新加坡走红，继而风靡英伦三岛，并波及法国、德国和北美。光滑的竹筷用来盘绕秀发十分理想。秀发通过竹筷的特殊梳理技艺，有的状如银瀑飞洒，有的形似珠帘卷曲，使时髦女性更富有魅力。在亚洲或英法等国，小姐头上插着十多根竹筷招摇过市，头似箭盔，引起全街注目，可小姐和女士们却以"筷子大师"所创的新发型感到自豪。

1987 年 6 月，用竹筷可盘出 50 多种发型的苏亚伦来到上海，在华亭宾馆示范"筷子电烫美发"表演，引起轰动。这位华裔美发师说："中国人的筷子真是无与伦比，不但在餐桌上挑、夹、扒、撮，样样灵活，八面威风，而且在世界女性的秀发中也能显示其奥妙，这使我这个华裔血统的海外游子，对发源于古老中华的筷箸产生了极大的崇敬心情。"

后　记

经过半年多努力，《筷子三千年》书稿总算大功告成。其实写此书又何止180天，可以说，它是我20年来千方百计搜奇求珍，千里迢迢踏遍大半个神州采风问俗的结晶。如果没有锲而不舍倾囊搜求来的900余种计1500多双古今中外筷箸藏品，如果没有跋山涉水艰苦地搜集上千份民间筷俗资料，要想写成这本书可谓难上加难也。历史上我们的祖先无人留下有关筷箸的书籍，有关文字资料也只是只言片语，所留下的仅是为数不多的筷箸实物。我们要研究箸文化，只能大量搜集实物，进行分析、对比和民间采风求证。我写此书也只有走这一条艰苦的道路。

早在十八九年前，萌发集筷念头时，我就产生了出一部箸文化探讨著作的愿望。因为国人一日三餐持筷进餐，习以为常，对筷子熟视无睹。我曾应邀去一些中小学讲民俗或收藏课，当问起"筷子是哪国发明的"，大多数同学回答不出。

这使我非常吃惊，作为一名作家、又是民俗研究者，我深感有责任为我国撰写一部筷箸探讨之作，以引起广大读者对箸文化的重视和喜爱。同时也应为国际友人、海内外民俗学者、饮食文化专家及侨胞等，提供筷箸专集，以弘扬华夏古老的箸文化。

其实，我早在1993年已出了《筷子古今谈》。此书虽是我国有史以来第一部箸文化专著，但因种种原因，印数较少，内容不够充实，装帧过于简单。为此我不懈努力，继续多方收集材料，重起炉灶，另写一部筷箸书稿。值得庆幸的是，正当我想实现重出书愿望时，可巧山东教育出版社组织俗文化丛书出版，有关筷箸的诞生、演变、习俗、趣闻等，正好符合俗文化丛书的选题，于是经山东大学《民俗研究》编辑部主任叶涛等先生的推荐，《筷子三千年》得以入选。

在书稿交付出版社之际，我想起多年来帮我搜求古筷藏品和提供筷俗资料的、朋友和乡亲，及上海民间文艺家协会、上海虹口区文化局、区总工会和上海收藏欣赏联谊会等单位领导给予的大力支持和关怀，在此说一声："谢谢了!"同样，也要感谢出版社刘连庚先生和其他编辑的关心和指导。由于过去也出过几本书，我深深感觉到，出一部书是作者和编者共同努力的结果。

由于本人才疏学浅，书稿中不妥之处在所难免，请广大读者批评指教。

备注：2015 年，作者重新修改书稿，增加了 1997 年之后的藏筷资料。